环境公共治理与公共政策译丛

化学品风险与环境健康安全(EHS)管理丛书子系列

"十三五"国家重点图书

环 境 政 策

［英］简·罗伯茨 著

朱 琳 主译

U0395753

华东理工大学出版社
EAST CHINA UNIVERSITY OF SCIENCE AND TECHNOLOGY PRESS

·上海·

图书在版编目(CIP)数据

环境政策 / (英) 简·罗伯茨(Jane Roberts)著;
朱琳主译. —上海：华东理工大学出版社,2020.10
（环境公共治理与公共政策译丛）
书名原文：Environmental Policy, 2nd edition
ISBN 978-7-5628-5728-0

Ⅰ.①环…　Ⅱ.①简…②朱…　Ⅲ.①环境政策-研
究　Ⅳ.①X-01

中国版本图书馆 CIP 数据核字(2019)第 085208 号

All Rights Reserved
Authorised translation from the English language edition published by
Routledge, a member of the Taylor & Francis Group.

中文简体字版权由华东理工大学出版社有限公司独家所有。

上海市版权局著作权合同登记　　图字：09-2018-136 号

策划编辑 / 刘　军
责任编辑 / 孟媛利　刘　军
装帧设计 / 靳天宇
出版发行 / 华东理工大学出版社有限公司
　　　　　　地址：上海市梅陇路 130 号,200237
　　　　　　电话：021-64250306
　　　　　　网址：www.ecustpress.cn
　　　　　　邮箱：zongbianban@ecustpress.cn
印　　刷 / 江苏凤凰数码印务有限公司
开　　本 / 710 mm×1 000 mm　1/16
印　　张 / 14.75
字　　数 / 243 千字
版　　次 / 2020 年 10 月第 1 版
印　　次 / 2020 年 10 月第 1 次
定　　价 / 88.00 元

版权所有　侵权必究

学 术 委 员 会

徐永祥　华东理工大学"上海高校智库"社会工作与社会政策研究院院长、教授、博士生导师

修光利　华东理工大学资源与环境工程学院党委书记、教授、博士生导师

汪华林　华东理工大学资源与环境工程学院院长、教授、博士生导师

何雪松　华东理工大学社会与公共管理学院院长、教授、博士生导师

张广利　华东理工大学社会与公共管理学院党委书记、教授、博士生导师

杨发祥　华东理工大学社会与公共管理学院副院长、教授、博士生导师

陈　丰　华东理工大学社会与公共管理学院副院长、教授、博士生导师

郭圣莉　华东理工大学社会与公共管理学院公共管理系主任、教授、博士生导师

俞慰刚　华东理工大学社会与公共管理学院行政管理系主任、教授

"环境公共治理与公共政策译丛"总序

环境问题已然成为 21 世纪人类社会关心的重大议题,也是未来若干年我国经济社会发展中需要面对的突出问题。

改革开放以来,经过 40 年的高速发展,我国经济建设取得了举世瞩目的巨大成就。然而,在"唯 GDP"论英雄、唯发展速度论成败的思维导向下,"重发展,轻环保;重生产,轻生态"的情况较为普遍,我国的生态环境受到各种生产活动及城乡生活等造成的复合性污染的不利影响,长期积累的大气、水、土壤等污染的问题日益突出,成为制约我国经济社会可持续发展的瓶颈。社会大众对改善生态环境的呼声不断高涨,加强环境治理的任务已经迫在眉睫。

建设生态文明,关系人民福祉,关乎民族未来。党的十八大把生态文明建设纳入中国特色社会主义事业"五位一体"总体布局,明确提出大力推进生态文明建设,努力建设美丽中国,实现中华民族永续发展。党的十八届五中全会通过的《中共中央关于制定国民经济和社会发展第十三个五年规划的建议》提出了"创新、协调、绿色、开放、共享"五大发展理念,完整构成了我国发展战略的新图景,充分体现了国家治理现代化的新要求。五大发展理念是一个有机联系的整体,其中"绿色"是对我国未来发展的最为"底色"的要求,倡导绿色发展是传统的环境保护观念向环境治理理念的升华,也是加快环境治理体制机制改革创新的契机。

环境是人类生存和发展所必需的物质条件的综合体,既是生态系统的有机组成部分,也可以被视为资源的价值利用过程;而环境污染则是资源利用不当而造成的对环境的消极影响或不利于人类生存和发展的状况,在某些条件下,它会进一步引发公共安全问题。因此,我们必须站在系统性的视角,在环境治理体制机制的改革创新中纳入资源利用、公共安全等因素。进入 21 世纪以来,国际社会积极探寻环境治理的新模式和新路径,公共治理作为一种新兴的公共管理潮流,呼唤着有关方面探索和走向新的环境公共治理模式。环境公共治理的关键点在于突出环境治理的整体性、系统性特点和要求,推动实现政府、市场和社会之间的协同互动,实现制度、政策和技术之间的功能耦合。

华东理工大学经过 60 多年的发展,在资源与环境领域的基础科学和应用科学研究及学科建设方面具有显著的优势。为顺应时代发展的迫切需要,在服务社会经济发展的同时加快公共管理学科的发展,并形成我校公共管理学科及公共管理硕士(MPA)教育的亮点和特色,根据校内外专家的建议,学校决定将"资源、环境与公共安全管理"作为我校公共管理学科新的特色发展方向,围绕资源环境公共治理的制度创新和政策创新整合学科资源,实现现实状况调研与基础理论研究同步推进,力图在构建我国资源、环境与公共安全管理的理论体系方面取得实质性业绩,刻下"华理"探索的印迹。

作为"资源、环境与公共安全管理"特色方向建设起步阶段的重要步骤,华东理工大学 MPA 教育中心组织了"环境公共治理与公共政策译丛"的翻译工作。本译丛选择的是近年来国际上在环境公共治理和公共政策领域颇具影响力的著作,这些著作体现了该领域最新的国际研究进展和研究成果。希望本译丛的翻译出版能为我国资源、环境与公共安全管理领域的学术研究和学科建设提供有益的借鉴。

本译丛作为"十三五"国家重点图书出版规划项目"化学品风险与环境健康安全(EHS)管理丛书"的子系列,得到了华东理工大学资源与环境工程学院于建国教授、刘勇弟教授、汪华林教授、林匡飞教授等的关心和帮助,特别是得到了修光利教授的鼎力支持,体现了环境公共治理所追求的制度、政策和技术整合贯通的理想状态,也体现了全球学科发展综合性、融合性的新趋向。

华东理工大学社会与公共管理学院 MPA 教育中心主任

张 良

2018 年 7 月

本 书 序

近几十年来,气候变化、资源短缺以及生物多样性流失的问题与日俱增。《环境政策》第二版阐释了如何制定政策来应对这些变化,以及如何给个人生活、组织战略、民族政策和国际关系带来更大的可持续性发展。本书探讨了环境系统与人类系统进行交互的方式,证明环境政策可以充当一种手段,将人类系统的运转控制在环境系统的限制之内。

与第一版相比较,第二版的内容有了更新,阐述了当前学术界的前沿成果(如有关管理理论的发展),以及环境政策体系中日益重要的气候政策。本书运用政治学、社会学及经济学概念,解释了如何有效制定、实施和评估环境政策。环境问题、人类的角色和可持续发展等在本书中亦有介绍。本书在企业、国家和全球三个层面上对环境政策的制定、实施和评估进行了讨论,分析了经济和科学技术与环境政策之间的关系,亦对 21 世纪的人类所处的困境进行了反思,并设想如何通过环境政策这一"工具箱"达到可持续发展的目的。

本书从多学科角度分析问题,所有案例均来自真实的国际事件,分析了气候变化、国际贸易、旅游和人权等相关的问题。每章内容后附有章末小结、拓展阅读或相关网站链接。

简·罗伯茨(Jane Roberts)女士是开放大学发展政策与实践小组(The Development Policy and Practice Group)的准会员(Associate Member)[①]。她是环境政策分析学者,对可持续发展教育有着浓厚的兴趣。在攻读博士学位期间,她深入研究了环境利益集团在英国电力私有化过程中所扮演的角色。2005 年,简被格洛斯特大学(The University of Gloucestershire)授予特别研究生(Teaching Fellowship)[②]的称号,并于 2009 年成为教员与教育发展联盟(Staff and Educational Development Association, SEDA)的副研究员(Associate Fellowship)。如今,她是英国高等教育学院(Higher Education Academy)的会士(Fellow)。

---

① 译者注:准会员是俱乐部或某个组织的会员,但只有部分权限。
② 译者注:特别研究生是指享受奖学金但需承担教学工作的研究生。

致　　谢

在本书第二版出版之际,我要感谢很多帮助过我的人。首先,我要感谢劳特利奇出版社(Routledge)的各位编辑:迈克尔・P. 琼斯(Michael P. Jones)先生、法耶・李林克(Faye Leerink)女士、萨拉・劳埃德(Sarah Lloyd)女士以及安德鲁・穆德(Andrew Mould)先生,感谢他们的耐心帮助。在第一版出版的过程中,我在格洛斯特大学(The University of Gloucestershire)的同事对我的帮助也很大,尤其是格里・梅特卡夫(Gerry Metcalf)先生、芭芭拉・哈蒙德(Barbara Hammond)女士、卡罗琳・罗伯茨(Carolyn Roberts)女士和斯蒂芬・欧文(Stephen Owen)先生。玛格丽特・哈里森(Margaret Harrison)女士、约翰・鲍威尔(John Powell)先生和马丁・斯普雷(Martin Spray)先生对第一版的一些章节做了审阅,并指出了其中的不当之处。我还要感谢七位匿名的评审人员,以及麻省理工学院的斯蒂芬・M.迈耶(Stephen M. Meyer)教授对几版原稿的评论。同时,也感谢凯瑟琳・夏普(Kathryn Sharp)和特鲁迪・詹姆斯(Trudi James)耐心、认真地准备表格。还要感谢我的亲人们——克里斯(Chris)、黑兹尔(Hazel)和安娜(Anna),感谢他们为我承受了很多。

谢谢格洛斯特大学、布尔莫基金会(Bulmer Foundation)以及开放大学(The Open University)的本科生及研究生,感谢他们启发我如何教学(教学是一个不断进步的过程);是他们向我提出的恰到好处的问题使我的思维保持敏锐;是他们和我保持联系,让我知道他们在自己的工作领域内所做的对世界的贡献。特别感谢瑞秋・布里奇曼(Rachel Bridgeman)女士授予我图2.1.1 的使用权。感谢全球共同研究所(Global Commons Institute)允许本书复制图 7.3.1。

简・罗伯茨
2010 年 3 月

前　言

　　进入 21 世纪,可持续发展已成为全球困境。自 20 世纪 80 年代以来,可持续发展成为世界各国寻求自然、社会、人类平衡发展的焦点。经过几十年的变迁,可持续发展已经从以经济、社会目标为中心向以环境为中心转变。越来越多的科学证据表明,当下和未来的经济活动模式会导致严重的环境问题,甚至会威胁经济的发展,于是,人们对环境问题产生了高度关注。环境问题多是环境和人为因素交互作用的结果。本书运用政治学、社会学及经济学概念,解释如何有效制定、实施和评估环境政策。环境政策是用来指导人类对环境资本和环境服务进行决策制定的一系列准则和意向。制定环境政策的目的是改变人类行为,让人类行为不再造成环境问题或减轻环境问题的严重性。本书坚持以人为中心,对环境问题和环境政策进行分析。书中提供了一套环境政策的工具和方法。本书的理论方法和案例研究表明,环境政策这一"工具箱"可以在一定程度上应对全球环境变化的挑战。

目　　录

简　介 ·· 1

第一章　环境问题有哪些 ··· 5

第二章　环境问题的根源 ··· 36

第三章　可持续发展与环境政策目标 ··············· 57

第四章　科学与技术：政策与悖论 ··················· 78

第五章　组织中的环境政策制定 ························· 102

第六章　政府环境政策制定 ································· 120

第七章　国际环境政策 ··· 143

第八章　环境经济学 ··· 165

第九章　结论 ··· 187

参考文献 ··· 193

索引 ··· 206

译后记 ··· 218

简　　介

一、什么是政策？

有一个经常被引用的比喻——政策被比作一头大象（Cunningham，1963），这让人联想到印度的一则民间故事。几个被蒙住眼睛的人被带到一头大象面前，他们需要摸它，并描述它的样子。因为每个人摸到的都是大象的不同部位（腹部、尾巴、鼻子、腿、牙齿等），所以每个人的说法都不同，于是他们就开始争论。这一比喻看似有趣，对有经验的政策分析家来说也的确如此，但对初学者来说却毫无用处。我们还是来看看字典上对"政策"一词的定义吧！

> **政策**：（名词）政治远见；治国才能；谨慎的行为；聪敏；巧妙；政府、党派等采取的一系列行动。
>
> 《简明牛津词典》

这个定义表明"政策"是一系列明智的行动，它常用来描述政治舞台上的行为准则。因此，考虑到其最基本的含义，"政策制定"的意思是制定能够决定一系列行动的准则。

教科书上的"政策"一词的定义通常集中在政府层面。了解其定义有助于我们理解政府的政策流程，因为在行政管理中，政策和产品一样，是一道制作工序。但本书中关注的问题与大多数政治课本相比，既狭隘又宽泛。本书关注的焦点是环境政策，这是一个特殊的领域。政府的政策制定只是其中的一小部分，全球层面和组织层面的政策制定也同样重要。

在本书中，"政策"一词的定义为：政策是用来指导决策制定的一系列准则和意向。这一定义的优点是容易理解，并适用于从个人到国家各个层面的决策制定。因此可以说，在不会给我带来额外消费或不便的情况下，我的环境政策是减少我所消耗的燃料对环境产生的不良影响。这些准则能够指导我如何使用家庭能源以及合理安排出行交通。离开房间时我会关灯；如果不下雨，我会骑车而不是开车去上班。同样，如果划算的话，减少废物处理对环境的影响也可能成为某个政府的环境政策。实施这一政策的目标是将废物制造量最小化，或在某一特定时期内对生活废弃物的循环利用进行定量。

对这个简单的定义稍做改变就是本书中所说的环境政策：环境政策是用来指导人类对环境资本和环境服务进行决策制定的一系列准则和意向。

二、为什么环境政策很重要？

政策制定是一种网状的多层结构，从个体到政府，其在人类组织的每个层面都会出现。越来越多的政策制定者正在被迫关注人类活动对自然环境和地球生物系统的影响。联合国环境与发展会议（又称地球峰会）于1992年在里约热内卢举办，吸引了来自全球178个国家和地区的最高领导人，是有史以来最大的国际会议，会上指出了20世纪末出现的环境问题的严重性。在这次会议上，大会达成了名为"21世纪议程"的可持续发展计划，十年后的2002年8月，地球峰会在约翰内斯堡举行，大会修订了该议程。

"21世纪议程"不仅呼吁各国中央政府采取行动，还号召各地方政府、企业、志愿组织、社区和个人一起行动起来。解决环境问题是各级组织负责人必须重视的问题，但是，环境政策的制定不能脱离经济社会责任这一大背景，因为环境问题是可持续发展的核心。

越来越多的科学证据表明，当下和未来的经济活动模式正在导致严重的环境问题，甚至会威胁经济的发展，于是，人们对环境问题愈发高度关注。气候变化是最迫切的环境问题，其对生物多样性的威胁，以及陆地和海洋食物的生产对资源的威胁也变得日益严重。近几十年来，人们对这些问题的科学性理解已有了一些进展。不过，由于自然环境和生物系统之间复杂的交互关系，要想更加深入地认识环境问题中的因果关系仍是困难的，尤其是因为人类对环境产生的某些影响要经过很长时间（几十年、几个世纪甚至更长）才能显现出来。

然而，如果不想只满足于理解这些问题，而想要成功地解决它们，就要把管理自然系统运作的科学规律和远见卓识结合起来，形成社会科学。例如，在不同社会中，人的信仰体系及对待环境的态度是定义和解决环境问题的重要因素。政治和经济学科所提出的原则已被证明是社区、组织和国家进行政策制定的基础。如果人类活动是造成环境问题的罪魁祸首（这些问题会威胁到人类活动，从而促使人类寻找解决问题的方法），那么对环境政策制定者而言，至少要像了解环境系统的运转方式一样去了解人类系统的运转方式。

因此，如果环境政策制定者要成为环境问题的解决者，就需要从多学科的角度看待问题。他们必须能够理解科学家所言的重大意义，也要会使用多种社会科学方法，以便解释和分析环境问题的形成原因，他们还要知道找到解决方法的途径是什么，其中的阻碍又是什么，而所有这些都隐藏在人类社会之中。本书按照章节先后一一介绍各种基本方法，力求使其中的线索变得清晰。

三、本书结构

本书的整体结构与第一版相比并无大异，但更新了部分章节的内容和案例。为突出 2007 年第四次政府间气候变化专门委员会（Intergovernmental Panel on Climate Change，IPCC）形成的评估报告（Assessment Report）中气候变化的严重性，本书着重强调了这一点。

第一章回顾了人类对环境的需求及其是如何造成环境问题的。该章指出了制定环境政策的目的是改变人类的行为，使其不造成环境问题，或产生较小的环境问题。若要实现可持续发展，就要制定有效的环境政策。

第二章分析了这些行为问题产生的原因，比如哈丁（Hardin）提出的"公地悲剧"（tragedy of the commons）模型表明，过度开采环境资本是不可避免的，必须采取"彼此强制，彼此同意"这一原则。而公共池塘资源理论则认为，哈丁的模型太过悲观，在某些情况下，合作可以产生可持续的结果。但是不论在哪个理论模型中，都要由政策去指引人们的行为，从而产生改变。预期的结果将由利益相关者提出并同意，为达成这些预期结果，人们的行为就会产生变化。

作为环境政策的预期目标，可持续发展的概念将在第三章中被介绍，随之一起被介绍的是一些更为具体的目标。如果对人类当前使用环境资本和资源的方式不加干预，或者想凭运气达成任何一个目标，那都是不可能的。

第四章检验了在政策制定者追求这些目标的过程中科学技术起到的促进和阻碍作用。政策制定者既要充分利用科学知识对环境问题做出解释，也需要知道科学证据的局限性和科学的不确定性的本质,尤其是要预测到将来可能会发生的不幸事件,又能为这种代价高昂的行为做出解释。

第五章探索了企业里环境政策的变化。在该章及接下来的两章中,包含政策如何改变个人、组织和政府行为等方面的内容。读者们可以看到,政策作为一种概念,脱离不了形成政策和实施政策的大背景。因为此背景在组织层面和政府层面有不同特点,所以需要将它们分开讨论。

第六章谈论了国家层面的环境政策。第七章讨论了全球层面的环境政策。

通过前几章的讲述,本书提出了"经济科学"这一十分重要的论断。经济科学既可以成为制定有效政策的阻碍,也可以成为政策分析的潜在工具,还可以成为政策实施的工具。

第八章提出了其间可能会遇到的障碍,以及在何种程度上能够通过环境经济原理和生态经济原理克服障碍。

第九章将前几章的内容汇总起来,向 21 世纪正在寻求经济发展和环境保护两者兼得的政策制定者证明,环境政策这个"工具箱"是无价之宝。

四、案例分析

一本书是不能概括本领域的全部内容的,本书所选的角度也只是冰山一角。本书的重点是环境政策准则,并采用了跨学科解决问题的视角,但这不是一本关于"问题"的书,尽管书中包含了一些与环境问题相关的案例(大多和气候相关),它们位于书中的专栏里。这些案例在学术文献和网站上都有提及,可方便读者仔细阅读。本书所选的案例与章节主题相对应,每个专栏末尾的问题讨论可以让读者注意到一些关键的概念。

通常,有关环境研究的书都是以环境问题作为文章结构的,本书采用的方法与之不同。希望本书能为读者提供一种广阔的跨学科视角,以方便读者共同探索 21 世纪重要的环境政策问题该如何解决。

第一章　环境问题有哪些

本章将：

● 介绍环境资本（environmental capital）和环境服务（environmental services）的概念；

● 运用资源短缺、废物处理与环境污染、人口过快增长、生物多样性减少以及人们生活质量下降等问题阐释上述这些概念；

● 提出环境问题（environmental problem）的概念并讨论其应用；

● 讨论自然和人类因素在导致环境问题的过程中分别扮演的角色；

● 介绍环境政策对预防、减少或解决环境问题的潜在作用。

一、为何环境至关重要

　　人类依靠自然环境而生存。所有我们能看见、触碰、需要或想到的东西，要么是环境的一部分，要么是由人类从环境中提取的资源生产的。若是没有环境为人类提供空气、水和食物，人类甚至不可能进化，正是环境尤其是不断变化的环境推动了人类的进化。正值本书第二版出版之际，地球上将近70亿的人口靠全球经济养活，而自然资源是全球经济的根基。无论是动物、蔬菜还是大自然的矿物质，归根结底，它们都源自自然环境。

　　然而，资源供给只是人类依靠环境的一个方面。空气、水和土地成了废物汇（wastes sinks），因为只要涉及原材料的加工过程，就会不可避免地产生废弃物。人们从环境中获取资源，建立住所、寻求保护。这些用途都可以被视为环境服务：一种由环境为构成人类整体的个体所提供的服务。

　　现在，越来越多的环境政策制定以环境对人类的服务为依据，将环境概念化。环境的属性可以是环境资本，能为人类提供服务。从某种程度上来说，一条河就是一种环境资本，因为它可以提供环境服务，比如河水可以灌溉农田,水中的鱼可以供人类食用。除此之外,河流还可以提供其他服务,比如能够容纳大量降水,排走人类产生的污水,也可以充当休闲娱乐胜地——成为让人们享乐的好地方。

环境资本和环境服务是从经济学中借来的两个概念。在经济学中,金融资本是把钱投入生产,从中获取利息或分红,从而取得大量收入的一种资金。这些概念在定义和描述环境问题时用处很大,因此在本章及之后的章节中,我们将用这些概念支撑对重要的环境问题的分析。21 世纪早期的几十年中,政策制定者一直为资源短缺、废物处理与环境污染、人口过快增长、生物多样性减少、人类的生活质量下降等问题而担忧。

二、资源短缺

"资源"一词常用来指:
- 对个人和社会有用的物质资源;
- 经过治理,能产生有益用途的能量流;
- 其他能贡献价值的环境属性。

因此,"有用"和"有价值"是定义资源的关键词,对资源的理解是由文化决定的,不同文化团体之间,对食物、饮水,以及建设住所使用的材料和取暖的衣物等的要求甚至也各不相同。

矿物质是物质资源之一,它可以是金属矿物,也可以是盖楼的石头,还可能是农产品或林产品。通常,使用"资源"这一词的时候,人们会将它理解为诸如以上的物质资源,它们有明确的经济价值,可以根据重量或体积进行计算。从地下提取煤或铀,就是开采矿物资源用以提供能源的例子。在这种情况下,要考虑的初级资源(primary resource)是物质实体(material substance)。

如果可以了解一种资源的整个生命周期,即自将其从环境中开采出来,到最后回归环境的过程,就可以分析物质资源的用途以及人类经济生活中产生废物的方式。

如图 1.1 和图 1.2 所示,初级资源是直接从环境中提取的,次级资源(secondary resources)是从已经进入循环周期的物质中获得的。这些系统的组成如下:
- 从环境中提取初级资源;
- 对资源进行浓缩、精炼和提纯;

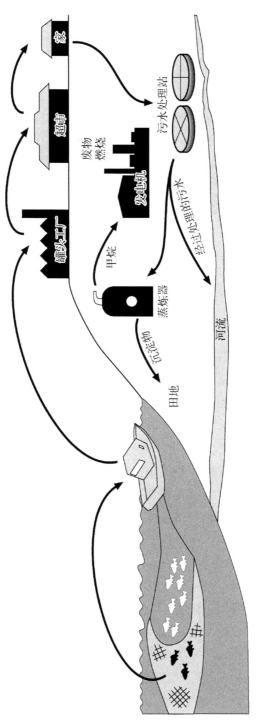

图 1.1　鱼类资源循环

7

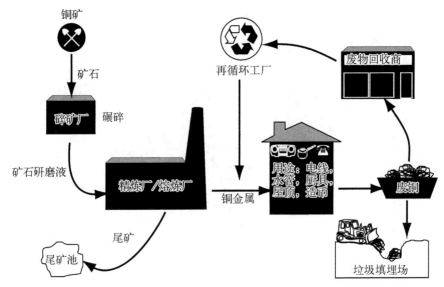

图 1.2　铜资源循环

- 利用这些资源生产具有经济效益的商品；
- 在人类经济范围内使用商品；
- 商品或副产品使用完后，判断哪些可以成为废物；
- 从废物中尽可能地提取次级资源，如材料或能源；
- 废物处理；
- 将废物运送到环境废物汇（environmental sinks）。

需要指出的是，资源循环图中没有给出以上过程的相关时间和地点信息。同样，也没有给出其他资源信息，如提取、资源利用和分配、废物处置等信息，也没有用来制造能量以维持这些过程运转的资源信息。

能量流也是一种资源。当特定的设备或建筑要从环境中获取能量时，如风力涡轮机或太阳能房屋，初级资源就是以能量而非物质的形式向其提供的。

"资源"一词也常用来描述环境的属性。"土地资源"一词用来形容可用于某种特定用途的大片土地，比如用于耕种作物的农田、用于放牧的草原或用于娱乐的荒野。河流和海洋也是资源，它们为人类提供鱼和其他水产品。不过这种类型的一些资源可以直接用于经济目的，因为它们本身就是农业和制造业投入的源头，而其他环境属性的价值是另一种形式。比如，当地社区的一块露天场所也是一种资源，但是这类资源没有产生切实的经济效益。

这种环境服务为生活质量做出的贡献本章稍后再谈。

三、流动资源与储存资源（flow and stock resources）

资源分为可再生（或流动）资源和不可再生（或储存）资源。对可再生资源而言，自然生命周期生产这种资源的速率等于或快于它的消耗速率，并以此来维持环境资本的平衡。对不可再生资源而言，资源的生产速率远低于它的消耗速率，所以环境资本不可避免地会被消耗殆尽。

表 1.1 给出了一些可再生资源和不可再生资源的例子。对有些资源来讲，区别是非常明显的。化石燃料（如石油、煤和天然气）从 3 亿年前的石炭纪时期开始，经过漫长的生物作用和地质作用才形成。考虑到这种极其漫长的再生过程，化石燃料被认定为不可再生资源。同样，很明显，有些资源是可再生的。太阳照射到地球的能量以 1.73 亿千瓦时（173 million million kilowatts）计。显然，这么多的能量是"用不完"的，因为人类活动对这一照射能量几乎没有影响（见专栏 4.2）。

表 1.1　英国可再生资源与不可再生资源

资 源 名 称	资源形成的一般时间跨度（单位：年）	是 否 可 再 生
石灰岩	3.2 亿	否，地质再生过程比人类世代长很多倍
煤	3 亿	否，地质再生过程比人类世代长很多倍
褐煤	3 500 万	否，地质再生过程比人类世代长很多倍
泥煤	10 万	否，地质再生过程比人类世代长很多倍
橡木木材	100	介于可再生与不可再生之间
云杉木材	40	是，补植可以让其再生
肉	1	是，饲养家禽可让其繁殖和再生
水果和蔬菜	<1	是，可以
淡水	0～100 万	是

在表 1.1 中，对有些资源而言，可再生与不可再生之间的界限并不明显。纸是由木浆制成的，木浆是一种可再生资源——但只有在森林得到有效管理的情况下木材才能以收获的速度获得再生（见专栏 3.2）。在这种情况下，可再生性取决于环境管理——要维持资源利用速率和再生速率的平衡。如果不能维持平衡，那这种资源就会被耗尽，就像北大西洋的鱼群由于

过度捕捞而被耗尽一样（迈克加文，2002；见专栏 7.2）。

不仅是资源的数量，资源的质量也十分重要。水是一个很好的例子。水是一种化学物质（H_2O），在地球上的储量很丰富——地球表面 71％的面积都被海洋覆盖。而生活、农业和工业用的淡水只占其中很小的一部分，而且大部分以冰山的形式存于极地地区。海洋蒸发和陆地降水的水文循环不仅将水补给到陆地，还像化学蒸馏一样对水进行净化。所以，如果把淡水视作"可再生资源"的话，那么指的是水的质量可以再生，而非数量（见图 1.3）。

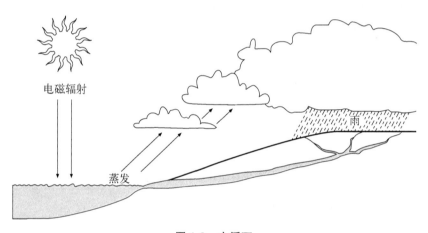

电磁辐射

雨

蒸发

图 1.3　水循环

四、资源枯竭

经过上述分析，资源管理的一项重要任务就是维持资源利用率和再生率之间的平衡。如果资源的利用率远高于再生率，那么总有一天，资源会变得稀缺。具体究竟是哪一天，取决于这种资源的初始存量以及利用率和再生率的相对比例。可再生性并不能保证某种资源不会被耗尽，不可再生性也未必表示资源将会变得十分稀缺。

如果在一两个周期内捕获过高比例的成年鱼，那么湖中的这个独立的鱼群便会灭绝，尽管事后可以通过向湖中补充鱼苗维持其数量。相对而言，不可再生资源消耗得很慢，似乎永远都用不完。二氧化硅普遍用于玻璃制造，它的存量极其丰富——硅酸盐矿物质构成了地球大部分的质量。在全球范围内，玻璃制造可能会无限地进行下去，直到二氧化硅资源被耗尽。

学会区分某种资源的总量和储量是很重要的。对于任何一种资源来说,储量就是现已被证明存在的,并且可以提取出来,或可以用于当下经济活动的资源。比如矿物资源,全球储量是其总量中的很小一部分,而新的储量还有待发现。

在计算不可再生资源的储量时,是用储量/产量比来衡量的,具体计算方法为资源储量除以当前年产量。假设没有勘测出更多资源,利用率也没有变化,那么用这个公式便可以计算出这些资源储量能使用的年数。有一点很重要,那就是计算要在适当的范围内进行,范围可以是局部的、区域的,也可以是全球的。例如,在英国,沙石的这一比例就建立在区域层面上,它们价值较低,体积较大,因此运输成本较高。对于黄金这种高价值矿产,其储量在各国之间的分布并不均衡,因此适合在全球范围内进行计算。

$$储量/产量(比率) = \frac{储量}{当前年产量}$$

表 1.2 列出了一些对人类生活方式至关重要的矿产资源的全球储量与当前年产量的比率。一些资源的储量虽充足,但还有些资源的储量似乎已经接近枯竭。在 20 世纪六七十年代,这种资源的未来可用性被视为最重要的环境问题之一(梅多思等,1972;第二章内容)。尽管自 20 世纪 70 年代以来不可再生资源的利用率急剧上升,但当时预测的资源短缺现象大多并未成为现实。

表 1.2 一些不可再生资源的全球储量/年产量比率

资源名称	年 份	储 量	年产量	储量/年产量比率
煤[a]	2008	826×10^9 吨	6.77×10^9 吨	122
气[a]	2008	185×10^{12} 立方米	3.07×10^{12} 立方米	60
油[a]	2008	171×10^9 吨	3.39×10^9 吨	42
铜[b]	2007	490×10^6 吨	15.8×10^6 吨	31
镍[b]	2007	67×10^6 吨	1.68×10^6 吨	40
铝土矿[b]	2007	25×10^6 吨	189×10^6 吨	132

资料来源:(a) 英国石油公司(2009);(b) 国际复兴开发银行/世界银行(2009)。

出现这种现象的原因既有经济因素,也有技术因素。根据供求关系,如果一种资源变得稀缺,其价格就会上升。在市场上经营的公司预测到即将到来的资源短缺,于是派公司的地质专家去寻找新的资源储量,而这些储量一旦在技术上和经济上被认为是可行的,那么就可以计入现有储量。这一过程得到了矿物勘探方面的新技术发展的帮助,如遥感卫星成像和深海钻探技术。这些技术将搜索区域的边界扩展到之前不适宜或未在地图上绘制的地形上,并且是在发现之前被认为不能进入的储存区。

一旦找到,开采这些新的资源可能与使用现有的资源一样便宜,资源将保持充足供应,且价格大致相同。但是,也有可能新找到的资源储量需要较高的开采代价。例如,矿物矿石的开采,新资源的质量可能较差。新找到的资源可能位于我们无法到达的地区:地理位置离现有的运输基础设施很远,或在技术上难以到达(如在海床底下)。生产成本的上涨可能被技术改进所抵消,但若其他所有的条件都是一样的,一种越来越稀缺的资源也将越来越昂贵。然而,因稀缺而被抬高了的资源价格将促使进一步勘探的进行,以前经济上不可行的资源储存点,在高价的推动下,就变成了经济上可行的储存点。因此,稀缺可以在一定限度内自我纠正。然而,随着资源开采成本的提高,开采过程中的能源投入和废物产量可能会增加,从而导致产出的每一单位的产量都会对环境产生更大的影响。

久而久之,人们对资源的需求会随着其价格的上升而降低,尤其是出现其他可以满足需求的替代性资源时,消费者更不愿意花大价钱购买这一资源了。有时可以找到廉价的资源替代原有资源:比如,水管不一定非要铜质的,也可以是塑料的。这叫作资源替代。高昂的资源价格同样可以促进材料的回收利用,进而导致人们对初级资源的需求的减少。然而,用作燃料而非材料的资源是不可回收的。

奇怪的是,通常面临稀缺危险的是可再生资源,而非不可再生资源。世界上许多地方的渔业和森林的消耗速度远远超过它们自身的补给速度,而全球范围内的许多矿物的储备生产率则保持稳定甚至上升。不可再生资源在地方层面的稀缺性与贫穷以及分配不公有关。但这并不意味着用量不断增加的不可再生资源不需要人类的担忧,原因有以下三个方面。

首先,近期矿产勘探和开采技术迅速发展,但是最终必将失败。一旦遥感技术能够探测到地球表面上所有地方的矿物资源,就再也没有其他地方可以寻找资源了(也许除了外层空间)。采矿和精炼矿石技术的改进将表现出类似的递减回报。专栏 1.1 研究了未来几十年全球石油生产是否下降的问题,随之而来的是严重的经济和政治后果。

专栏 1.1

石油峰值与哈伯特曲线

几十年来，人们一直担心石油和其他有限化石燃料终将被耗尽，特别是在石油价格很高的时候——这标志着需求可能超过了供给。考虑到整个世界经济对所有化石燃料，尤其是对石油的依赖，这些担忧不无道理。在一个能源供给下降而非像上两个世纪那样供给上升的世界里，上至农业、交通和制造业，下至卫生、保健和教育，各个领域的发展都会受阻。

石油峰值是指在一个石油生产地区，石油的年生产量由上升转为下降的过渡区间。对任一地区而言，或在全球范围内来说，石油峰值就是与去年同期相比石油产量开始下降的时刻。展示某个油田或地区从现在到将来的石油生产率的图叫作哈伯特曲线，它是以美国地质学家 M. 金·哈伯特(M. King Hubbert)的名字来命名的。

哈伯特曲线使用已知的历史生产率数据以及可提取的总资源的估计值来预测未来生产率。1956 年，哈伯特预测，美国的石油产量将在 20 世纪 60 年代末或 70 年代初达到顶峰，达到峰值的实际时间取决于使用的总资源的数值。图 1.1.1 显示了这些预测与迄今为止的实际生产率之间是大致吻合的。哈伯特对美国总资源的核心估计是 1 500 亿桶，尽管他根据 2 000 亿桶计算出了更为乐观的曲线。第二条曲线与实际产量更为吻合，尽管 2008 年的产量是哈伯特曲线的两倍，也只是表明产量没有预计中下降得快而已。

在同一篇论文中，哈伯特将曲线应用在全球范围内，并预测世界石油生产率将在千禧年前后达到峰值并下降。这一预测的数据基础是全球石油储量有 12 500 亿桶。事实证明，他明显低估了全球石油储量，美国地质调查局在 1996 年估计的全球常规石油资源总量为 30 000 亿桶。然而，哈伯特的基本逻辑是，呈指数级上升的生产率的有限资源终将达到顶峰，也就是说，由于会在全球范围内发现更多的石油储量，最终的顶峰将会推迟到来，但不可避免，还是会到来。事实上，尽管全球石油储量现在已经是哈伯特估计的两倍之多，2000 年的实际产量(273 亿桶)也已经是哈伯特预测的(125 亿桶)两倍多，但由哈伯特的追随者们估计的顶峰日期仍将在 21 世纪初达到。

　　现在已经到了他们预测的(全球石油峰值的)时间,经济学家和地质学家仍然在争论哈伯特的预测是否正确。那些相信石油供应主要受经济因素驱动的人如戈雷利克(Gorelick,2010)认为,石油峰值并不会立刻达到,因为:

● 哈伯特从根本上低估了传统的石油储量,而且没有考虑非常规的石油来源;

● 在曲线上看到的产量下降未必是资源稀缺所导致的结果;技术、经济或政治因素也很重要,如欧派克(OPEC)国家为维持高油价而自愿限制生产;

● 如果出现稀缺,油价上涨将推动终端提高使用效率或推动其他自我纠正措施的实施,如使用煤焦油和煤成油等非传统资源。

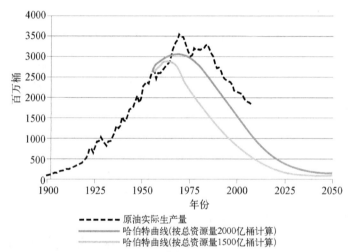

图 1.1.1　假设石油初始储量分别为 1 500 亿桶和 2 000 亿桶,美国的石油峰值曲线

资料来源:摘自哈伯特(1956)及美国能源信息署数据。

　　另一方面,本特利等(Bentley et al.,2007)学者认为:以国家为基础,分析石油发现率和石油生产率之间的关系可以看出,峰值发现(peak discovery)是预测未来生产峰值的有效指标。从全球范围内来看,石油发现在 20 世纪 60 年代到达了顶峰。虽然很难估计全球资源总量,但是自 20 世纪 80 年代以来,被发现的新油田的数量显著下降,这很可能意味着世界上大部分的油田已经被发现了,并且石油峰值很有可能在 21 世纪早期的几年内出现。

　　本特利等学者认为,技术、政治和经济因素可能对生产率产生很大影响,而这些因素仍在产生影响,一旦达到哈伯特曲线的峰值,石油的地质可用性将成为一个重要的限制因素。

参考文献

　　本特利等(Bentley et al.,2007);戈雷利克(Gorelick,2010)。

网址

　　石油天然气峰值全党派议会小组:http://www.appgopo.org.uk/。

　　石油峰值研究协会:http://www.peakoil.net/。

　　其次,矿物开采可能会造成环境破坏和能源浪费。回收废物用于生产次级资源往往能减少环境破坏和能源浪费,并减少初级资源的消耗。第四章将阐释如何使用生命周期分析技术来评估初级资源和次级资源的相对优点。

　　最后,循环利用的进一步潜在优势是减少返还到环境中的废物量。无论一个物体还是其中的物质被回收利用了多少次,所有从环境中提取的用于人类经济的物质资源,其最终命运都会如图 1.1 所示,会作为废弃物重新回到环境中。过去几十年来,环境政策制定者所关注的焦点已经从资源枯竭转移到了废物生产、处理和处置(production,treatment and disposal)对环境的影响上。

五、废物处理与环境污染

　　环境接收废物及其副产品的能力是本章讨论的第二个重要的环境服务。经济合作与发展组织(Organisation for Economic Cooperation and Development,OECD)对废物的定义如下:

　　　　废物指的是不属于主要产品(即为市场交易所生产的产品)的产品,它在生产、转化或消费方面都不为其制造者所用,并且需要被处理掉。

(OECD,2003)

这个定义的隐藏含义是废物是没有市场价值的。当一部分环境用于处理这种毫无价值的物质时,这部分环境就被称为汇(sinks),当然,它是环境资本为废物处理提供的一种服务形式。表1.3和专栏1.2给出了几个环境废物汇(environmental sinks)的例子。

废物的分类方法与上述资源的分类方法相同。需要注意的是,个人主观价值对废物的定义和对资源的定义同样重要,而且这些分类可以显示其主观性。废物包括:

● 从环境中提取出来的,对人类和社会再无用处的物质资源;

● 人类活动制造的,不能继续利用的能量流(比如发电站产生的"废热");

● (具有)毫无价值的环境属性(的物质)。

"废物"一词不仅可以用来描述在家用垃圾桶和工业吊车(industrial skips)中发现的固体物品,而且也可以用来描述通常被认为是"有污染"的、资源被用掉后产生的液态和气态副产品。废物可以是固体、液体或气体,对它的安全处理和处置(treatment and disposal)将受到其物理性质的高度影响。除非已经将气体与其他化学物质反应,使其变为固体,否则不能将其处理到垃圾填埋场。在海上或河流中处理固体废物(如塑料)通常被认为是不为环境负责的做法。然而,许多液体和气体废物会在被处理或在受监控的条件下被分解到水生或大气环境中。一旦排放,它们就会造成对空气、水或土壤的污染,固体废物如果分解产生气态或水溶性的副产品,也可能会造成污染。

不同的能量形式也可以被描述为废物,例如,火力发电站冷却塔的废热将使大气和附近的河流成为废物汇。对于工业过程中的噪声,周围的环境就是废物汇。"废物"这个词也被用来描述目前不能用于生产目的的环境特征。例如,过去的工业活动使废弃的土地变得毫无价值,就像其他非生产性地区一样,它们被称为荒地,如"北极荒地"。虽然这个术语是有争议的,但是可以说,像极地这样的荒地,正是因为它们的原始性和非生产性本质而变得有价值。

六、关于平衡的问题

废物未必一定会导致环境问题。所有动物都会排泄身体废物:身体会消化饮食,吸收营养,排出残渣。在人口稀少的生态系统中,自然循环处理废物的速度与动物制造废物的速度是相同的。它们不会堆积,因此也不会对栖息地中制造废物的物种或其他物种造成环境问题。相反,人类活动会产生一些材料废物,它们被越来越多的人认为会对环境造成严重破坏。本书的许多专栏中的案例研究都证明了这一点。

资源的生产取决于环境提供的物质和能量流的再生能力,同理,环境处理废物的多少也可能受空间或时间因素的影响。例如,垃圾填埋场的空间容量有限。不过,空间可以通过机械压缩废物体积来扩大,让较大的废物占据较小的空间。但是,即使这么做,最终还是会达到技术或法规对场地高度的限制,从而不能再处理废物。在发达国家的许多地方,现有垃圾填埋场达到了最大容量,而且找不到合适的地点来替代它们。

时间限制可能适用于(解释)自然系统稀释、分解和降解废物的能力。二氧化碳是活细胞呼吸产生的废物,也源自化石和非化石有机物的燃烧(见表1.3)。专栏1.2中解释的碳循环是废物同化系统的一个很好的例子。二氧化碳在空气中的稳定浓度将取决于产生大气二氧化碳的过程与将其去除的过程之间的整体平衡。如果废物进入系统的速度快于它被清除的速度,那么废物将会积聚在废物汇中,从而导致相关环境系统的运行发生变化。

表 1.3　环境废物汇举例

资源	资源特性	产生的废物	废物特性	环境废物汇
煤	煤是一种固体燃料,由上亿年前的植被经过地质作用而形成	二氧化碳	温室气体	大气
		二氧化硫	气态:与大气中的水蒸气结合,形成酸雨、雾和雪	大气;淡水或海水
		氮氧化物	气态	大气
		灰渣	固态	垃圾填埋场:虽然大型煤炉的灰渣可以用来制造建筑砌块,但是当它们所在的建筑物被拆除时,这些灰渣最终将被处置掉

资源	资源特性	产生的废物	废物特性	环境废物汇
木浆（纸）	纸是有机物质，富含碳。在垃圾填埋场，它可能分解成二氧化碳和甲烷的混合物，也可能在很大程度上保持不变。如果焚烧，主要废物是二氧化碳和灰	纸	固态	垃圾填埋场
		二氧化碳	温室气体	大气
		甲烷	温室气体	大气：最终被氧化成二氧化碳
		灰渣	固态	垃圾填埋场：一些可溶性盐可能会渗入水道
铜	固态金属：可能会发生化学反应，形成化合物	金属铜与铜的化合物	多数呈固态，有些铜的化合物可溶于水；可能有毒	垃圾填埋场：一些水溶性化合物可能会渗入水道
铀	温和的放射性元素可用于核能发电	放射性废物，可分为高、中、低三个层次（详见专栏8.1）；在核反应堆辐照期间，铀经历一系列裂变反应以产生新元素的混合物	这种混合物的放射性比原始的铀的放射性更强	有些放射性元素被排到了大气（气体）或水中（水溶性化合物）；然而，大多数要么被处理到特别设计和管理的垃圾填埋场，要么被存放到地下储存库，以等待最后的处理

专栏 1.2

碳循环与气候变化

为保证大气中二氧化碳浓度的稳定，进入大气和排出大气的二氧化碳要达到平衡。历史上（及史前史），大气二氧化碳浓度有过相对稳定的时期，其间穿插着浓度快速变化的时间段。二氧化碳浓度与全球气温之间有着惊人的相关关系。冰川时期等较冷的时期常伴随着较低的二氧化碳水平，较暖和的时期常常二氧化碳浓度也较高，但是，这本身并不能证明高浓度的二氧化碳会导致全球气温的上升。自工业革命以来，自然和人为产生的二氧化碳量每年都超过了其吸收量,因此大气中的二氧化碳浓度正在上升。尽管人类活动如化石燃料的燃烧、水泥生产和森林砍伐等制造的二氧化碳量与碳循环中的自然流动量相比是很小的,但是通常认为,导致二氧化碳浓度上升的原因是化石燃料的燃烧。

二氧化碳与甲烷、氮氧化物、氯氟烃以及臭氧都是温室气体。与其他系统一样,只有到达地球的能量与离开地球的能量保持平衡,地球才会保持一个稳定的温度。只要这一平衡稍出差错,地球就会变冷或变热。太阳的光和热辐射就是到达地球的一种能量。因为地球发热,所以也会向太空中辐射能量,地球向外辐射的能量波长平均长于到达地球的能量波长。温室气体会扰乱第二个过程,它可以吸收一小部分波长较长的射线,从而将热量留在地球上,而不向太空中散发。这一过程被称为辐射强迫(radiative forcing)。温室气体的主要作用就是提高地球温度,就像厚厚的羽绒被可以提高床的温度一样。

政府间气候变化专门委员会(Intergovernmental Panel on Climate Change,IPCC)负责向国际社会报告气候变化的科学依据。它的第四次评估报告(IPCC,2007)指出,有确凿证据证明气候系统正在变暖,90%的可能原因是人类活动造成的温室气体增多。报告引用的证据如下:

● 全球温室气体的排放量正在急剧增加;

● 2005 年,大气二氧化碳浓度从工业革命前(1750 年)的 280 ppm[①]升至 379 ppm,并且每年以接近 2 ppm 的增长率上升;

● 1956—2005 年的 50 年间,每 10 年地球表面温度平均增加 0.13℃;

● 1995—2006 年的 12 年间,有 11 年都成为自 1850 年开始测量以来最暖的年份;

● 冰川面积和冰雪覆盖面积正在逐渐减少;

● 全球平均海平面正在以惊人的速度上升。

IPCC 预计,这些变化在 21 世纪将会持续发展,其中,化石燃料燃烧排放的二氧化碳将成为主要诱导因素。科学家已经做了一系列场景

---

① 译者注:ppm 是溶液浓度的一种表示方法,表示百万分之一。

模拟,考虑了诸多因素,如人口增长的不确定性、经济发展的类型、未来的二氧化碳排放量以及环境对这些气体的吸收能力。到 2100 年,大气二氧化碳浓度将比工业革命前高出 75%～350%。对 2100 年全球气温的最乐观预测是将比 1900 年的温度高出 1.8℃～4.0℃,具体数值取决于使用哪个人口增长模型和经济发展模型进行模拟。全球各区域的升温情况并不相同,陆地和北部(包括北极地区)的预计升温要远高于全球的平均升温。到 2100 年,北极的夏季,海冰有可能会消失。IPCC也对其他一些地区的天气情况做了预测(不同的置信水平)——下雨量更大;热浪更强烈;亚热带的干旱会加重;旋风的严重程度也会增加。预计海平面还会进一步上升。

即使能保证温室气体稳定下来,但科学家预测,在 2100 年之后,气候变化和海平面上升还会继续,但是这些变化的程度很难用模型模拟。

参考文献

IPCC(2007);施耐德等(Schneider et al.,2010)。

网址

政府间气候变化专门委员会:http://www.ipcc.org.ch/。

真正的气候:气候科学家谈论气候科学:http://www.realclimate.org/。

问题讨论

本案例研究通过定义环境资本、环境服务和人类需求的一些类型来探讨气候变化是否符合环境问题的定义。

七、废物同化系统(Waste assimilation system)

要想知道废物一旦回到环境中后会产生什么样的变化,有两个属性至关重要:分解(dispersal)和降解(degradation)。对于任何废物而言,这两个属性将取决于其物理、化学和生物特性。

例如,释放到大气中的废气通常会相当迅速地从其原始来源扩散,这是由自然气流辅助的过程。一旦释放到环境中,通过扩散和水流等机制,可溶于水的物质也将分解,其分解速度取决于水本身的移动速率。但是,水是可以累积的。脂溶性物质,如某些农药,如果从环境中被摄入,那么可能在生物体内累积,因为没有代谢途径可以将它们排泄出来。这些物质会通过食物链中的生物放大,因为捕食者会在组织(如对应的生态系统)中吃掉含有废物的生物体。如果废物没有被摄入它的生物代谢掉,那么在捕食者中,处于食物链顶端的生物的废物浓度将高于最初从物理环境中摄入的该物质浓度。表1.4列出的是鱼鹰蛋中农药残留的生物富集(biomagnification),鱼鹰的食物中90%是鱼类。可以注意到,在2001年的这项研究中发现的污染物是在几十年来都被禁止使用的。生物累积(bioaccumulation)和生物富集是一些废物持续存在的结果:它们不会分解成其他化学形式。

表1.4 威拉米特河中的平均污染物浓度(ppb)和猎物样本中的生物富集因子

污染物	LS[①]	NP[①]	SB[①]	鱼鹰蛋	生物富集因子(BMF)[②]
DDT[③]	0.92	—	5.93	2.08	—
DDE[④]	14.8	38.6	16.8	1 353	79
DDD[④]	1.42	3.90	9.02	29.4	18
Dieldrin[⑤]	0.53	0.36	3.89	1.66	3.2
总 $PCBs$[⑥]	26.7	51.1	51.4	245	8.4

注释:

① LS表示体积较大的胭脂鱼,NP表示梭子鱼,SB表示小嘴鲈鱼。

② 首先计算鱼鹰饮食中的平均污染物浓度,然后用鱼鹰蛋中的浓度除以这个数。

③ DDT(二苯基三氯乙烷)是一种有机氯杀虫剂,1972年在美国被禁止使用。到2001年,该化学物质在动物体内的含量低至不足以计算出可靠的BMF的程度。1993年的一项早期研究计算出的BMF为87。

④ DDE(二氯二苯二氯乙烯)和DDD(二氯二苯基二氯乙烷)是DDT(二苯基三氯乙烷)的分解产物。

⑤ 另一种有机氯杀虫剂,现已被禁用。

⑥ 多氯联苯常用于电气工程和工业设备制造,1976年在美国被禁止生产。

资料来源:摘自亨尼等学者(2009)的数据。

废物确实会降解,这可以通过一些机制进行,如生物降解,当有机废物因真菌和细菌等微生物的作用而腐烂成简单的化学成分时就会发生生物降解。燃烧是废物降解的另一种常见手段。当可燃废物燃烧时,其分子结构就会被破坏,进而形成新的化学产品。大部分废物成为气体(如二氧化碳、水蒸气),有一小部分会化作灰烬。

降解不是废物处理过程的最终结果,因为所有的降解过程都会产生新的物质。在厌氧(没有氧气)条件下,垃圾填埋场中腐烂的有机物将分解产生二氧化碳(如果存在氧气)或甲烷。氨是生物降解的另一种产物。如果不加以控制,这些产物可能会造成污染。

有些废物相对来说是惰性的,如聚乙烯或聚氯乙烯等塑料,如果填埋,在短期到中期内都不会分解也不会降解。然而,废物在系统内分解和/或浓缩机制与持久性和/或降解过程的潜在相互作用可能是非常复杂的,需要科学的理解来模拟和预测废物是如何分解到环境中的,然而收集必要的数据是非常耗时和困难的,表1.4基于亨尼等学者于2009年发表的论文就是一个典型的研究。

　　无论是从个人层面(如由城市空气污染引起的哮喘)还是在全球范围(见专栏1.2和专栏1.3)内来看,废物和相关的污染问题都是造成许多不同空间范围内环境问题的原因。下一节将通过考察资源利用率、废物产量和人口增长之间的关系来分析废物的产量何以每年都在增长。

专栏1.3

海平面上升与海岸侵蚀

　　陆地和海洋是动态共存的。沉淀;风力、海浪和潮汐的侵蚀;海平面的上升、下降及与地平面之间的交互作用:改变了海岸线的垂直和水平轮廓。这一切都是自然作用的结果,但自从有了科技,情况便有所改变了。由于河流阻塞和/或渠化,沉淀的沉积速率发生了改变。土地塌陷可能是地壳运动、火山活动或地震造成的,也可能是人类抽取地下水和开采地下矿产造成的。人类活动造成的气候变化会增加某些极端天气的严重程度,从而加剧风浪的潜在侵蚀活动。

　　然而,人类活动造成气候变化的最严重后果是海平面上升,这会让沿海陆地在21世纪初沉入大海之中。全球气温升高会造成海平面变化,这主要出于以下三个原因:

- 由于海洋升温,热胀导致海水体积变大;
- 陆地冰盖和冰川融化,会增大海水体积;
- 陆地的储水能力可能会随温度升高而降低。

　　海平面上升可能会比大气变暖延迟几十年,因为热量从大气层传输到海洋尤其是深海层是一个相对缓慢的过程。政府间气候变化专门委员会(IPCC)预计,本世纪(21世纪)内,海平面将上升0.18米～0.59米(IPCC,2007)。

　　对这种被淹没的威胁有三种局部响应。

疏散和适应

这完全是人类的行为,与环境治理无关。不过这么做不但对那些土地和房屋被海水破坏的人而言是有成本的,而且对远在内陆的人来说也是有威胁的——他们的土地有可能被无家可归的海边居民占有。这些成本并不完全是经济上的。许多沿岸地带如热带和亚热带地区的红树林沼泽地有很高的生态价值。红树林为鱼类和甲壳虫类提供了生殖繁衍的栖息地。预计,上升的海平面会侵蚀红树林沼泽的边缘地区,从而导致暴露在海岸线面前的边缘部分消失。

通过土木工程维修现有的海岸线

近海淹没防波堤可以降低海浪的侵蚀力,特别是潮差较小时。虽然海堤及类似建筑物可以保护位于高水位以下的土地和悬崖的基础免遭侵蚀,但是也可能加快防御位置海滩的侵蚀速度。防波堤旨在减缓海沙和淤泥向海岸线移动的速度,这么做也许会成功,但也会给其他地方的沙滩造成更强烈的侵蚀,因为那些地方本就靠一些漂流物质进行自我防护。河口上的障碍物可以保护上游低洼地,但可能会给障碍物附近的陆地带来更大的洪水风险。要想实施这一战略,必须满足两个条件:

1. 受威胁的陆地必须足够有价值,值得这么高昂的花费,故而这一战略可能只对人口密集区域适用;

2. 必须有足够的资金投入保护工程。

随着海平面上升,发展中国家的许多被危及地区很可能只满足第一个条件,却满足不了第二个条件。尽管包括孟加拉国、尼日尔和(西)萨摩亚等在内的一小部分国家建立了国家适应行动计划,但大多数处于危险中的国家并没有这么做。

通过复垦潮间带和近海地区进行反击

这种策略的优点是,工程的高经济成本可以被开垦土地的价值所抵消,开垦的土地既可以用于城市发展,也可以用于农业生产。在有浅海湾的海岸上,封锁进入海湾的入口和回收拦水坝地区的土地权可能更具成本效益,而不是保护整个海岸线免受侵蚀和洪水侵袭(更有经济效益)。

全球响应?

还可以考虑一个战略方法:通过减少温室气体排放和/或建立二氧化碳汇(如森林),从大气中吸收二氧化碳,以减缓或暂停大气变暖,从而阻止海平面上升。这种战略与未来几年受到海平面上升威胁的社区关系不大,这有两个原因:第一个原因是即使大气温室气体的浓度立刻稳定下来,海平面也不会停止上升,因为大气变暖和海洋变暖之间有时间差;第二个原因是,最根本的困难是让那些认为自己没有受到气候变暖(如海平面上升)影响的人为因此处于危险之中的人减少碳排放。

参考文献

达斯古谱塔等(Dasgupta et al.,2007)。

网址

小岛屿国家联盟:http://www.sidsnet.org/aosis/。

问题讨论

本案例是如何反映第一章中的以下主题的:

● 如何区分造成环境变化的"自然"和"人为"原因;

● 环境管理的局限性,尤其是连锁反应;

● 与环境管理相比,原则上,改变人类行为对环境问题而言是更为根本、更能解决问题的方法。

八、人口增长与环境

21世纪的前十年,世界人口以大约每年1.2%的速度增长。20世纪60年代,这一数据是2%左右,尽管现在的增长率比前几十年有所降低,且有逐步下降的趋势,但全球人口总数在21世纪还是会继续增长。图1.4显示,2010年世界人口达到了69亿,但增长率降低的效果还是很明显的:按照最低预估值,到2040年,世界人口有可能稳定在80亿。

任何关于人口增长原因的解释都必须充分考虑到全球和地方人口分布的变化模式。1990年,世界53亿人口在发达国家/地区和欠发达国家/地区之间的分布比例约为1:3.6。由于发展中国家/地区的人口增长速度较快,预计到2025年,这一比例将达到1:5.3(联合国人口司,2008)。

人口增长的根本原因是公共健康的改善,如疫苗研发、疟疾控制和儿童死亡率降低等引起了死亡率下降。农业和粮食分配的进步进一步降低了一些国家/地区的居民死于饥荒的概率。由于越来越多的儿童成长到适合生

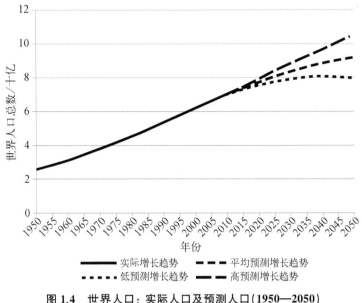

图 1.4 世界人口：实际人口及预测人口(1950—2050)

资料来源：联合国人口司(2008)。

育的年龄,出生率开始增加。很明显,每对夫妇生育的数量对出生率的增长有着决定性的作用。在世界上的大多数国家/地区,每名妇女的活产总和生育率(TFR)在下降,但还有很多国家/地区的人口总量不稳定。在很多发达国家/地区,TFR 等于或低于替代率,但由于人口向内迁移,导致人口继续增长。

九、人口、资源与废物

人口增长模型暗示着人类对资源的需求增加、废物生产率上升,以及废物处理系统运行艰难等问题。全球 90％的新增人口都出生于欠发达国家/地区,当地人均资源占有量(当然还有废物制造量)目前比发达国家/地区低很多。举例来说,美国的人均年能源(一种化石燃料使用和二氧化碳排放指标)使用量是 7.78 吨,而印度的人均年能源使用量是 0.51 吨(世界银行,2009)。

然而,不只是人口增长增加了对资源的需求和废物的制造量;随着生活条件的提高,生产和消费的速度在加快,也加重了人口增长对资源吞吐量的影响。据预测,2008 年之后,印度人口每年将以 1.3％的速度增长;然而,其经济增长率(以国内生产总值即 GDP 的增长来衡量)则为 7.1％,这意味着物质财富的绝对值和人均值处于平均增长状态(世界银行,2009)(见表 1.5)。

表 1.5 按国家和地区划分的总和生育率(TFR)和人口增长趋势

国家/地区	总和生育率(TFR)(每名妇女的生育数)				人口增长率(%)				2010 年总人口(百万)
	1990—1995	1995—2000	2000—2005	2005—2010	1990—1995	1995—2000	2000—2005	2005—2010	
世界	3.08	2.82	2.67	2.56	1.54	1.36	1.26	1.18	6 909
中国	2.01	1.8	1.77	1.77	1.17	0.9	0.7	0.63	1 354
欧洲	1.57	1.42	1.43	1.5	0.18	−0.02	0.08	0.09	733
印度	3.86	3.46	3.11	2.76	2.01	1.79	1.62	1.43	1 214
美国	2.03	1.99	2.04	2.09	1.2	1.23	1.01	0.96	318
北非	4.18	3.56	3.16	2.91	2.08	1.82	1.7	1.71	213
撒哈拉以南非洲地区	6.08	5.72	5.41	5.08	2.71	2.58	2.49	2.44	863
南美洲	2.88	2.65	2.43	2.18	1.69	1.54	1.35	1.13	393

资料来源：联合国人口司(2008)。

　　一些国家正在从农业经济转向工业经济，大部分人口增长出现在城市地区。这一原因再加上乡村居民进城寻求更高的生活质量（萨特斯韦特，2007），使得人口因素更为复杂。比如，世界银行曾预测，到2030年，非洲的城市居民人数将由2000年的2.97亿增加到7.66亿（世界银行，2009）。全球快速的城市化进程加剧了与废物处理系统有关的环境问题。人类、城市和工业废物产生的空间聚集，可能导致废物系统超载、废物积累，进而造成空气、水和土地的污染。反过来，废物系统超载也会降低或破坏环境提供服务的能力，减少环境资本。

　　潜在的废物对未来的环境和生态系统的破坏需要我们重点关注。人类通过进化、适应环境，进入了一个由气候、大气、水循环、岩石圈和生物本身组成的环境系统中，享受着这些稳定的系统所带来的既定利益（洛克斯德姆等，2009）。尽管如此，还是有越来越多的证据证明废物及其副产品的累积会导致环境严重破坏；如全球变暖与海洋酸化，化石燃料燃烧导致的淡水水域和土壤污染等。

十、生物多样性

　　生物多样性的基础是有机体和物种之间的遗传变异（genetic variation）。几乎每个活的细胞中心都是一个细胞核，其中包含了生物体（动物、植物或微生物）继承于其上一代的遗传物质。这种物质是由脱氧核糖核酸（DNA）碱基组成的长链，碱基有四种（腺嘌呤、胸腺嘧啶、胞嘧啶和鸟嘌呤），它们可以以一种无限的方式排列，就像十个阿拉伯数字一样，可以用来表示无穷范围的数。

　　基因是一种DNA序列，它提供了模板，可以在细胞中利用氨基酸制造某个特定的蛋白质。通过这种方式，DNA为生物体描绘蓝图，并指定了它所有的遗传特征。有些特征可以在物种的所有成员中找到，例如，所有的老鼠都有四条腿，都有毛、利齿、胡须和一条尾巴；而其他特征如眼睛和毛皮的颜色等则在同一物种的个体之间变化。

　　物种之间和物种内部DNA序列的变化被称为生物遗传多样性。它已经成了进化过程的一部分。当细胞分裂形成新的细胞时，细胞核中的DNA被复制，使得每个新细胞与其亲本具有相同的遗传物质。在复制过程中有时可能会出现错误，所以新的DNA和旧的不会一模一样。这个错误可能意味着新的细胞不能合成一个重要的蛋白质，因为其编码指令是错误的。在这种情况下,细胞将会死亡。或者,这种改变可能不会对细胞功能产生很大的影响,甚至会以某种方式改善细胞的功能。对生殖细胞的非致命改变可能会把这种变化传递给子孙后代。

千百万年以来,这些遗传发生复杂变化,物种随之进化。在自然选择的过程中,遗传变化与物种所在环境的变化(食物、栖息地、气候、捕食者等)相互作用。在遗传过程中,最适应环境的个体最有可能生存繁殖下去,并将其基因传给后代。随着"成功"的基因在物种中遗传,不成功的基因将会在很长一段时间内从基因库中逐渐消失,同一物种的两个种群由于地理隔离而不能共同分享基因库,便会进化成两个完全不同的物种。

因此,遗传多样性是生物多样性和生态系统多样性的生物学基础。生物多样性是指当前生活在某一特定地理区域内的所有物种的总和。生态系统多样性指的是参与特定生态系统或一组生态系统的物种范围(有时是这些物种内的遗传多样性)的丰富程度。尽管人们一致认为,丰富的遗传构成或物种范围相当于更大的生物多样性,但衡量生物多样性是一项复杂而艰巨的任务(加斯顿和斯派瑟,2004:9—15)。

图1.5总结了人类健康和生态系统健康之间的关系。通过进化形成生物多样性是一个漫长的过程——比其现在减少的速度要慢得多。造成生物多样性减少的原因有两个:物种总体数量的减少;物种内部遗传多样性的减少。而产生这两者的原因是选择性喂食和其他物种数量的减少。

这些减少可能是因人类直接狩猎、损害或采摘动植物造成的,或者更可能是因物种栖息地受到了破坏。图1.5列出了一些具体原因,其中许多与通过资源循环的吞吐量增长有关,这种增长从各方面对栖息地造成压力。对矿产、林业和农产品需求的增加推动了土地使用方式的快速变化,加剧了城市化和工业化的影响。废物及其积累对环境的连锁效应如气候变化正在造成全世界范围内的生态环境和生物多样性的恶化。尽管估计有10%～50%的哺乳动物、鸟类、两栖类、针叶树和苏铁类物种面临灭绝的危险(千年生态系统评估,2005),但由于缺乏科学数据,绝对的损失率无法得到准确计算。

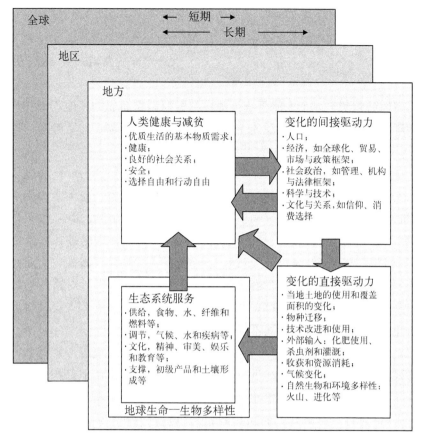

图 1.5　生物多样性、生态系统服务、人类健康以及变化的驱动力

资料来源：摘自千年生态系统评估（2005：iii）。

十一、生活质量和环境资本

人们需要从环境中获得可以提供日用品的资源：

　　一家人开着一辆桃紫色（mauve and cerise）装着空调的电力驱动车穿过地面铺砌糟糕的城市，周围是一片垃圾和破烂的建筑，还有早就应该被埋到地下的广告牌和电线柱（billboards and posts for wires）。然后他们进入了一个被商业美术淹没的乡村……他们吃着从冷冻盒里拿出的精致食物，却不知冷冻盒是由被污染了的小溪之水结冰而成的，然后又在公园过夜，当然，公园也已经变成了有害公共健康和有伤风俗的地方。躺在尼龙帐篷的气垫上，闻着腐烂的垃圾散发出的恶臭，睡觉之前他们可能会迷茫地思考这样一个问题：他们的祈祷结果为何会这般不同？

(加尔布雷斯,1999：187—188)

高生活标准是以个人能否获得由自然资源制作而成的其他资源和产品来衡量的，但它未必是高生活质量的衡量指标。后者的概念要考虑的因素更多，不局限于物质产品。

自然环境的审美享受是许多人生活质量的重要组成部分，环境提供这种享受的能力可以被看作能够提供环境服务的环境资本。正如上面引文所表明的，这种能力可能会受废物积累或环境价值削弱的不良影响，如采矿或砍伐森林会造成景观疤痕。享受积极的休闲活动，如在未受破坏的荒野地区徒步旅行，或者打开窗户呼吸新鲜空气，都是一种环境资本。它有时是代偿性的，一些知道自己永远不会去南极或热带雨林的人仍然对这些地区充满热情，为它们能够完好地存在下去而感到高兴。确实，有些人会把健康清新的环境视作精神必需品，而不仅仅认为它是视觉享受。

安全和保障也可以看作是有助于提高生活质量的环境服务。那些知道自己将面临自然灾害威胁（如洪水、地震或火山）的人，即使他们担心的事情并不会真的发生，他们也会倍感焦虑和压力。有些环境危害可能源于人类的行为，正确的人为管理可能会减少或消除风险。如今，仍然缺乏有效的系统来处理人类或某一集中人群制造的废物，欧洲中世纪城市的街道就是有害健康的，今天，发展中国家/地区的许多城市的情况仍然如此。如今在发达国家/地区，巨额的公共卫生工程支出意味着城市居民普遍不会接触到未经处理的污水，由此导致的霍乱、痢疾和鼠疫已经逐渐淡出了人们的记忆。

但是，工业化带来了新的环境危害。工业化的某些方面可能会对人体健康产生不利影响，引起慢性或急性疾病。交通事故、噪声过大、空气质量差、食物中的农药残留，以及维持富裕生活的压力或忍受贫困的生活——所有这些因素都会对健康造成真正的或意识上的危害，由此可能会降低生活质量。这些危害大多在局部地区发生，但全球变暖或平流层臭氧层破坏等越来越多的全球性环境问题已经开始成为对人类健康和福祉的严重威胁。

十二、生活质量与社会资本

除自然环境因素外，生活质量同样受社会因素的影响。社会资本可以被定义为社会内部正式和非正式的结构和机制,它为个人和社区带来利益。社会资本可以提供的并对生活质量十分重要的好处是：工作保障,社会保障,免受种族或性骚扰,安全感以及获得高质量的卫生保健和交通服务(牛顿,2007)。

十三、环境问题

本章将资源、废物、人口、生物多样性以及生活质量作为"环境"问题——为满足人类需求而提供环境服务的领域存在的问题。当提供环境服务的数量或质量都不足以满足人类的需求时,就出现了环境问题。

这个定义中有两点很重要：

● 对于"不足"和"人类需求"这两个词的理解是主观的,这也就意味着环境问题的存在性与重要性也具有主观性和争议性；

● 从环境服务不足的角度来界定环境问题并不一定意味着问题的根本原因出自环境,人类对环境服务的过度使用或滥用也许才是问题所在。

本章的最后部分将对这些观点进行扩展,同时引出在后续章节中即将进行详细讨论的问题。

十四、问题？谁的问题？

有些环境服务在目前看来是毫无问题的,比如人类对氧气的基本需求。只要有阳光、足够的绿色植物、陆地和海洋,通过光合作用将二氧化碳转化为氧气,地球大气就会含有大约20％的氧气。

其他环境服务在某些情况下是有问题的。一部分人会遭受贫困、营养不良、劣质空气和水质、过度拥挤,或发达国家/地区和发展中国家/地区的污染等问题；不可避免地,有些人受到的影响比其他人更严重。环境问题的不平等分配将在第二章中更详细地讨论,因此现在只需注意,对环境问题持有的想法和对所解决方案的支持程度是因人而异的。拟建的垃圾填埋场将会引起生活在其5公里范围内的居民的高度关注,他们可能会通过提出替代场所或废物管理的替代策略,在公开的调查中维护自己的利益；但生活在50公里以外的居民只要能继续享受具有成本效益的废物收集服务,就可能不会有多少顾虑。因此,一个人的环境问题可能会是另一个人的环境解决方案。

相关性也是同样的,特别是当人们的需求被否认与审美或代偿相关时。那些从拟建采石场中获利的业主和工人的观点需要与那些重视原始景观的居民的观点达成平衡。南美洲或印度尼西亚的贫农将很难适应欧洲环保主义者的替代性"需求",为了保护原始热带雨林,环保主义者甚至可能都不会去这些国家旅游。

但是,关于环境问题的存在性和严重性的意见分歧不仅仅取决于在特定情境下是否感觉到自身利益受到威胁。下面,我们来看两个关于人类克服主要环境问题的引文。

> 简而言之,虽然这个星球上有生态规则,但是我们知道并没有明显的限制。温暖、运动、食物、住所、教育和所有我们所珍视的,人类都可以通过几十种不同的方式得以提供。一直以来,我们的任务就是找到实现这些目标的新方法。如果某种资源或某种污染汇,或某种生产方法被证明是多余的或不可持续的,那么我们只能去寻找另外一种(来替代它),或者想办法减少需求。
>
> (诺斯,1995:281)
>
> 人类,这个突如其来的进化物种,对地球产生如此大的影响,现在不仅威胁到自身的生存,还威胁到生物圈本身的许多构成。由于人口的快速增长,迅速出现的全球性危机正在延伸到生物圈的核心。从早期的流浪部落烧毁森林开始,这个影响已经通过空气、水和土壤跨越了陆地和海洋进入太空,深入了进化的本身。
>
> 我们最好将全球危机既看作一种挑战,也看作一种威胁——我们正在经历作为物种的最后一门进化考试。但不幸的是,考试时间已经不多了。
>
> (迈尔斯,1994:17)

尽管两位学者都承认存在严重的环境问题,但他们对其重要性的看法却有天壤之别。一部分原因是有关环境的科学信息难以收集和解释,这一点在第四章中会详细讲述。但有时即使有确凿的科学证据,人们对环境问题的重要性仍有不同的看法。科学证据是客观的,但人们对它的解读却是主观的,且与人类对环境服务的需求相关。人们对濒临灭绝的珍稀兰花品种的关注度比无名草、苔藓或真菌的关注度要高,因为兰花具有观赏价值。拯救鲸鱼的活动由来已久,且取得了巨大的成功,但没那么吸引人的海洋生物,如浮游生物,尽管它们在海洋食物链中起着很重要的作用,却很少得到公众的关注。

当然,人类对环境服务的定义本身就是人类中心论(即以人类需求为中心),因为环境服务关注环境中与人类福祉息息相关的方面。在对环境问题的定义上也是人类中心主义的,以上提到的定义足以说明这一点。虽然对审美和精神的需求拓宽了人类的关注范围(不再只关注物质方面),但也改变不了定义中所含有的人类中心主义的本质。任何东西都改变不了。"问题"永远都是主观的:人类只能解读科学事实,并从自己的角度决定对环境服务(于是就出现了环境问题及其重要性)的需求。尽管这种角度可以是个人的,也可以是集体的,但人类无法从其他物种的角度看待问题。拥有不同权利和价值体系的团体在解读同一个客观事实时常常会出现冲突。下一章会详细讨论价值在环境态度形成的过程中的作用。

十五、究竟是环境的问题还是人类的问题?

环境的问题始终是人类的问题,因为它们的影响在某种程度上限制了人类的需求。但究竟是什么导致了环境问题? 是环境自身的问题,还是人类问题自身的原因和结果? 对于任何给定的环境问题,答案通常都很复杂,如图 1.5 及专栏 1.3 中关于海平面上升和海岸侵蚀的解决方法。

环境问题中有一类是由自然原因导致的,如地震、洪涝灾害和旱灾。公元前 79 年,维苏威火山爆发,给庞贝及其周围的居民造成了极其严重的环境问题并因此导致了 2 000 人死亡,此类问题就是由环境自身造成的。然而,火山学家预测,如果维苏威火山在当代爆发,其造成的损失和伤亡比罗马时期要严重得多,而这种情况下的原因可能就不全是环境的问题了。根据事实可以知道,那不勒斯湾周围出现了十分密集的发展(状况),但该地区交通运输并不发达,两者相结合就会阻碍该地区的人员疏散,就有可能产生极其悲惨的结局(巴伯利,2008)。这一假设也适用于地震多发区的城市发展地区,比如南加利福尼亚卫星城。如此一来,像火山和地震这种因环境自身问题而导致的自然灾害可能会随人类的行为而加重(或减轻)。

还有一些问题在很大程度上或完全由人类活动所导致。专栏 1.1 中的石油峰值和接下来几章所举的有关环境问题的例子(如专栏 2.1、3.3、5.1、7.1、7.2)都是由人类活动造成的。在全球变暖这个案例中,其实很难把人为原因和环境因素分割开来,但是科学界已达成共识——越来越多证据证明人类对全球气候变化造成了影响(见专栏1.2)。

可以看到,在自然危害和人为灾难中,环境问题多是环境和人为因素交互作用的结果。尽管自然结果和人为影响很难区分开来,但通常人为因素的作用更大,下一章会详细介绍这一点。

十六、环境政策与环境问题

说了这么多问题,有什么解决方案呢?环境政策是避免、解决和缓解环境问题的关键。有关本书中使用的环境政策的定义在文首的介绍中已经说过了:环境政策是用来指导人类对环境资本和环境服务进行决策制定的一系列准则和意向。

本书中很多专栏案例都表明,因为人类行为造成了或部分造成了环境问题,所以改变人类行为是解决环境问题的根本方法。但是通过管理环境来解决环境问题本身就是一种人类行为,如修筑海岸防御工事,所以,环境政策的目的是改变人类行为,让人们的行为不再引起环境问题,或减轻环境问题的重要性。

描述环境政策的总体目标远比设计一个能成功解决环境问题的实施政策容易得多。考虑到本章前半部分提到的环境资本的被破坏速度,政策制定者的任务非常之严峻。但为了满足地球上越来越多人对环境服务的需求,这项工作势在必行。随后的章节旨在为成功的环境政策制定提供指导,指出潜在的陷阱和不确定性。改变人类行为的第一步就是理解它,所以第二章首先考察了人类行为为什么会引发环境问题。

拓 展 阅 读

本章的后续阅读分为两大类:一类是对环境问题所采取的一种广泛的研究方法;另一类是对一个或多个问题进行的深入研究的文章。前者包括白金汉和特纳(Buckingham & Turner,2008)、古迪(Goudie,2006)、米勒和斯普曼(Miller & Spoolman,2009)等学者的教科书。

具体话题的书目包括:

自然资源

拉戈奇(Radetzki,2008)对全球大宗商品市场的经济进行了分析,包括在第六章中对"石油高峰"和其他稀缺理论的批评;麦奇洛和纽曼(Mckillop&

Newman,2005)以及克拉雷(Klare,2008)通过回顾 21 世纪的能源前景得出了不同的结论。

气候变化

关于气候科学的入门文献,请参阅亚契和拉姆斯托夫(Archer & Rahmstorf,2010)、施耐德等(Schneider et al.,2010)学者(的研究发现),或者"气候变化粗略指南"(2008)。施耐德等(Schmidt et al.,2009)学者和莱纳斯(Lynas,2008)研究了潜在影响。龙伯格(Lomborg,2007)提出了一个更具怀疑性的观点。

人口

德斯瓦克斯(Desvaux,2007)提出强有力的政策来阻止和扭转全球和全国人口增长;而哈特曼(Hartmann,1995)认为生态危险性言论其实言过其实了,包括赋予妇女权力在内的人类安全应该成为政策应对的重点。萨克斯(Sachs,2008)根据这一论点的两个方面,重点关注发展中国家不断上升的高生育率所带来的危险。

生物多样性

千年生态系统评估(2005)和威尔逊(Wilson,2002)分析了 20 世纪生物多样性的下降现象及其未来前景。

-------------------------------- 网　　址 --------------------------------

世界资源研究所:http://www.wri.org/。
联合国人口司:http://www.un.org/esa/population/。
千年生态系统评估:http://www.millenniumassessment.org/。

第二章 环境问题的根源

本章将从以下几方面分析人类过度使用环境资本的原因：

- 人类的生物特性；
- 人类的需求和欲望属性；
- 个人利益和群体利益之间的冲突；
- 价值观在人类态度和行为中扮演的角色；
- 人类在多大程度上考虑到其行为带来的长期后果。

一、人性

(一) 人类的特殊之处

智人（Homo sapiens）是一种特殊的物种。人类大脑经过进化，其中三个区域与其他灵长目动物相比变化较大（布朗诺斯基，1973）：

- 控制手部运动的区域（让手变得更为灵活）；
- 控制讲话和语言的区域；
- 控制人类想象未来的大脑前庭区域。

这三个区域的强化对人类和环境之间的关系有两方面的重要影响。首先是手变得灵活了，加之我们能够交换想法和信息，就出现了技术发展、人口指数式增长以及对环境服务的使用加剧等现象，从而带来了第一章中讨论过的或实际的或潜在的后果。考古证据表明，早在几千年前，室内烟雾污染问题就已经困扰着人类了（布林布尔科姆，1987）。可见，自从人类可以生火、用火开始，就出现了环境问题。

第二个重要影响是人类交流和憧憬未来的能力的结合。虽然一些动物会为眼前或者更长远的未来打算（比如筑巢产蛋或者在秋季储存食物），但人们普遍认为这是本能，并非智力表现。相比之下，人类可以分享往事，预测未来，深刻认识到环境问题。如果舍弃眼前利益或者计入当前成本，可以换来以后更大的利益和美好的生活，那就是值得的。因此，人类造成环境问题的能力与计划和实施解决方案的能力是相匹配的。

（二）人性和大自然(Nature and nurture)

环境政策或其他方式可以在多大程度上改变人类行为呢？这个问题没有答案，除非我们讨论人类受遗传编码、家教以及其他文化的影响程度。兴起于 20 世纪 70 年代的社会生物学(威尔逊，1975)认为，基因和文化都会对人类行为产生很大影响。社会生物学试图解释侵略、种族灭绝、排外和领土权等消极行为特征，以及利他主义、爱情和道德等积极行为特征。它将自然选择理论用于解释团体中个体所共享而非个体自身的基因，以此来达到某种目的。这就是自私的基因理论(道金斯，1976)。

在任何一组拥有共同祖先的动物中，有些基因是相同的。所有上面列出的行为特征都有助于整个群体的生存和繁殖，即使有时需要以牺牲个人为代价。因此，根据社会生物学理论，以上性状会受到自然选择的青睐。基因库给了群体培养这些行为的可能性，与没有这种行为的群体相比，前者具有进化优势。因此这些基因会遗传下去。但这并不说明基因和行为之间的关系很简单。不存在单独为特定行为进行基因编码的现象：没有"侵略基因"，也没有"利他基因"。基因决定行为的机制是复杂的，人们对其知之甚少，但无论如何，人们普遍认为，遗传因素本身并不能为人类行为提供完整的解释。

人类行为究竟是遗传决定、所处家庭和社会环境决定，还是个体自由选择的结果？有关这个问题的争论一直困扰着历史上的许多哲学家和政治家。除了十分极端的观点外，几乎所有人都赞同这三种因素共同发挥了作用。争论的焦点是这三个因素中的哪个更为重要。

批判社会生物学的观点(罗斯，1997)指出，像人类和人类文化如此复杂的系统是无法用其组成部分单独进行解释的，因为整体大于组成部分之和。凡是试图采用这种方法的人，皆被称为还原论者(reductionist)。第四章会讨论这一概念。虽然亚原子物理学可以解释遗传学，但遗传学不能完全解释行为产生的原因。罗斯认为，心理学和社会学是最有可能解释人类行为的学科。研究较低层面组织结构的学科(如生理学、生物化学、遗传学、分子生物学以及亚原子物理学等)有时确实可以为较高层面的组织结构提供一些建议或解释，但它们不能诠释整个过程。

一些经过社会生物学家验证的行为特征，如利他行为、道德行为或排外行为,就是典型的避免或造成环境问题的原因。无论是遗传原因还是文化因素,如果人类行为在很大程度上是由先天决定的,那么环境政策制定者要想改变这一行为,就会更加困难。

二、人类需求和环境资本

(一) 人类会有什么"需求"?

心理学家马斯洛(Maslow,1970)在《动机与人格》一书中指出,人的需求可以按层次排列,最根本的需求处于最底层(见图 2.1)。马斯洛认为,只有满足了较低层次的需求,个体才会向上追求。当然,最根本的需求与生存相关,所以需求层次中两个最低的级别就是要解决这些问题。首先是对食物和饮水的生理需求(Survival),这是需求层次的基础。再往上一级,是安全需求(Security),如住所和生命安全。

马斯洛认为,个体只有在饮食和安全得到保障的情况下,才会将注意力放在更高级别的非物质需求上。在需求层次的第三层上,是对爱和社会群体的归属感(Love and belonging)的需求。此需求得到满足后,个体才会追求尊重(esteem)这一需求。最高层次的需求是自我实现(Self-actualization),包括智力、精神和审美等方面。

马斯洛的需求层次理论在任何情况下对任何人都不能一概而论。例如,不能只根据该层次理论,就说一个无家可归之人的精神一定匮乏。和社会科学中的其他模型一样,需求层次理论是理想型的。也就是说,它是用来帮助解释人类行为的,尤其是可以通过比较不同群体的人在不同环境下是如何通过不同手段满足需求的。

满足人类最低层次的需求最有可能导致环境问题,因为食物是一种环境服务(见专栏 3.3、4.1 和 7.2)。一万年前,第一个农业社会出现了;在这之前,人类通过捕猎生存。此后,人类的生活方式转为农耕,意味着每亩地可以产出更多粮食,可以为人们提供更好的物质条件。食物供给有了保障,这对以前依靠野味生存的人而言尤为可贵。农业意味着一种安定的生活方式,是美索不达米亚乌尔等早期城市发展的重要基础。一旦城市建立起来,随着粮食供应增加、人口增长,这些城市就会迅速发展;事实上,正是要适应不断增长的人口,人类才会在很长一段时间内被迫采用农业生活方式,因为这比狩猎活动要耗费更多的劳动力(罗伯茨,1998)。

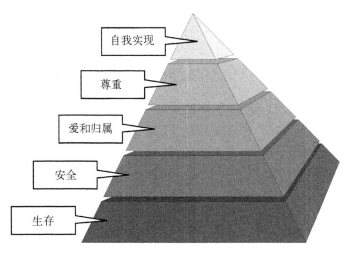

图 2.1　马斯洛需求层次

　　按照 20 世纪的生活标准,城市居民享有基本的生活水准。然而,早期定居点在建立后不久,当地环境就开始恶化(庞廷,2007),这表明,如果管理不当或人口负担过重,即使是最基本的生活水平也会对环境造成很大压力。虽然富裕加剧了人们对环境服务的过度使用,但贫穷对环境产生的影响更大。那些只追求生存的人如果不想挨饿,就只能过度挖掘环境资本。

(二) 需求和满意因子

　　一旦较高层级的需求得到满足,之后对环境服务的过度使用现象也会愈演愈烈。马斯洛较高层次的需求本质上都是精神需求,与物质无关:对爱和归属、尊重和自我实现的追求未必会导致对环境资本的过度使用。但是,这种需求通常要有足够的物质积累才能满足。马克思-尼夫(Max-Neef,1991)将需求和满意因子区分开来。生存需求可以部分地通过食物和饮水得到满足,这两者都是满意因子。而对尊重的需求可以通过不同方式得到满足,比如通过消费(跟与自己社会地位相同的人交往),或一些奉献活动(捐赠、参与社区活动、打扫庭前花园)得以实现。

　　满意因子实现需求的方式因历史时期和文化而异。历史文化环境所定义的社会经济关系既有主观性,也有客观性。因此,满意因子是历史和文化的产物,经济商品只是其物质表现形式。

　　　　　　　　　　　　　　　　(马克思-尼夫,1991:27;首次提出)

专栏 2.1

复活节岛：雕像和地位

大约在 5 世纪，波利尼亚移民来到复活节岛定居，当时该岛树木林立，甚至还有可以生产棕榈油和其他食物的棕榈树。几个世纪过去了，随着人口的增长，树木被用来做燃料、盖房子、造船打鱼。人们养鸡、食用老鼠，还种植红薯。因此，在马斯洛需求层次理论的较低层次中，对于食品和住所的需求很容易得到满足，岛民们有充足的时间从事追求更高层次需求的活动。

考古证明，随着文化的发展，在强大精英的统治下，部落之间通过建造雕像相互竞争，这些雕像现已成为该岛的著名景点。它们可能既具宗教性，又具文化意义。雕像在内陆采石场造好之后，被运往沿海地区，伫立在海边。由于没有牛马，只能靠人拉着木头做的雪橇或滚筒来运输这些雕像（如图 2.1.1 所示）。

图 2.1.1　复活节岛雕像

资料来源：照片由蕾切尔·布里奇曼(Rachel Bridgeman)提供。

然而，据第一批欧洲拜访者记载，岛上的整个社会在 18 世纪早期坍塌了。证据表明，最初几十年，部落之间开始打仗，人们制造了大量兵器。据推测，许多雕像都被对手氏族推翻和破坏。弗利恩雷和巴恩

(Flenley& Bahn,2003)认为,砍伐造成树木稀少、粮食短缺,最后导致战争。人们用劣质的芦苇船代替木质独木舟,造成渔业产量的下降。树木稀少造成土壤侵蚀,甘薯的产量降低。不可持续的砍伐,加之最初作为家畜引进的啮齿动物的危害,导致岛上的棕榈树灭绝。

森林砍伐的另一个驱动因素是制作滚筒。然而,令人惊讶的是,雕像运输居然威胁到人类对低层次食物的需求。在岛上发现的 600 个雕像中,一半以上是在内陆尚未制作完成的,大概是由于缺乏滚筒或经济崩溃而被搁置了。随着林地的破坏,洞穴、石棚和芦苇屋成了唯一可用的庇护所。

几百年来,岛民苦心经营,成为世界上最先进的社会之一。一千年来,他们按照一套严谨的社会和宗教习俗生活,这让他们不仅生存下来,而且蓬勃发展。这是人类智慧的胜利,当然也是克服艰苦环境取得的胜利。但最终,随着人口越来越多,人们的野心也越来越大,但资源总归是有限的。当超出环境可承受的最大压力时,社会就会迅速崩溃,成为蛮荒之地。

庞廷(Ponting,2007:6-7)

这个故事说明,需求层次不能一概而论。岛民们肯定可以清楚地意识到,制作运输雕像的滚筒会造成森林过度砍伐,从而导致食物短缺。但是,作为一个社会,他们无法牺牲文化野心来换取自己和子孙后代的生存保障。

参考文献

庞廷(Ponting,2007);弗利恩雷和巴恩(Flenley and Bahn,2003)。

问题讨论

● 如何用马斯洛的需求层次理论解释岛民的动机?

● 假设数万年后考古学家正在研究 21 世纪早期。现在的哪种商品会让他们感到困惑,就像复活节岛的雕像困扰当代学者一样?

某个层次的需求得到满足后,另一层次的需求的满足可能会受到干扰或阻止。如专栏 2.1 所示,在一些极端情况下,较高层次的需求甚至可能比生理需求更为重要。

(三) 后现代社会的需求

近几十年来,商品服务发生了巨大变化,同时也带来了消费模式的转变。一些分析家认为这些变化是从"现代"社会到"后现代"社会转变的组成部分。第四章会分析科学与社会关系,届时将讨论与这种转变相关的其他文化变化。

> 在此语境中,"现代性"一词指的是启蒙运动后出现的社会秩序。尽管其根源可以追溯到更久远的年代,但现代世界的标志是前所未有的活力,对传统的排斥或边缘化,以及由此带来的全球化。现代性的前瞻性发展离不开对进步和人类理性可以创造自由的崇尚。但是它的不满情绪也源于此:未实现的乐观主义和后传统思想所带来的固有怀疑。
>
> (里昂,1999:25)

工业革命时期,以官僚主义和生产线为基础兴起的企业,以及由此生产出的丰富的物质产品,都是现代化的表现形式。当然,工作是一种满意因子。它间接满足了人类对生存的需要(通过劳动产品、食品、住所或金钱),也直接满足了人们对归属感、尊重和自我实现的需要,只不过有些类型的工作更容易达到这一点。现代化的生产方法,包括装配线及零散的工作任务,使工人们无法了解整个生产过程,因此对产品没有认同感。亨利·福特(Henry Ford)在早期汽车制造中率先使用了这一方法,之后此法被称为"福特制"(Fordist)。对工人而言,结果是失去了满足更高层次需求的工作能力,取而代之的是对工作过程的疏远感(布雷弗曼,1974)。

后现代化生产以信息、通信和旅游服务业为新型工作方式,逐渐取代了从 20 世纪 80 年代在欧洲和北美经济中消失的工业岗位。后现代分析家们指出,现代工作分工也发生了变化。大型公司倾向雇用核心团队,把半技术型或无须技术的工作外包给临时工或小型公司,甚至外包给其他国家的公司。在公共部门(私有化导致其规模大大缩小)以及私营部门中,不断提高的生产力和生产灵活性给工人的工作和生活带来了压力。

但生产只是社会发展平衡的一半,新兴和既定的消费模式与行为趋势是后现代分析的核心(里昂,1999)。购物已经成为一种休闲追求,一些超市24 小时营业。商品种类之多前所未有,可满足顾客的所有口味和需求。广告业在经济和文化方面的重要性日益增长,其在电视观众、杂志读者、互联网上的冲浪者或大街上路过广告牌的行人和司机面前扮演着"需求"的角色。风格和时尚是人们的关注点,即使对于年幼的孩子来说也一样,一双跑鞋上的商标可以让其价格比非品牌鞋高出好几倍。逐渐地,商标比商品本身更重要了。

虽然一些物品还可以使用，但消费者为了追求时尚或新品，就把它们扔掉了。

　　马斯洛和马克思-尼夫所做的研究对理解后现代消费文化很有帮助。比如，用以生存（对经济富裕的人而言）的食物和饮品可以从超市购买。但即使是这些基础性商品，也可以充当较高层次需求的满意因子。人们选择可乐，可能更多的是为了这一商标，而非其味道。正如广告中所展示的，可乐对于时髦青年很有吸引力。因此，可乐在爱和归属感层面上充当了满意因子的角色。具有异国情调的精致产品（来自世界另一端的专供水、水果和蔬菜）可能同时是尊重层次（我和我的邻居一样精致）、认知层次（我对泰国食物感到好奇）和审美层次（我享受美酒），甚至自我实现层次（通过实现愿望，我就成了一个更好的人）的满意因子。

　　当然，原本只为满足某一需求而购买的商品，未必能真正令人满意。试想，一个孤独的青少年买了一瓶可乐，他不仅想获得短暂的快乐，更重要的是想获得友谊。马克思-尼夫（1991：31 - 32）将这些商品归为"伪满意因子"（pseudo-satisfiers）：人们为了满足需求而购买商品，但它们只能给予消费者"虚假的满足"。有人批评这种归类是家长式作风。后现代消费文化的一个重要特征是，给予个体以高度个人化的方式表达自己的喜好。这种选择本质上是主观的，人们获得的满足真实与否也是主观的。但是很显然，发达国家这种浪费的消费模式正在破坏环境资本，甚至很可能会破坏未来的环境服务。若发生与复活节岛（专栏2.1）一样的例子就糟糕了。

三、"公地悲剧"：模型和道德

　　当然，那些购买商品以满足需求的消费者，未必会受到生产、使用、经营和处置这些商品带来的环境问题的不良影响。环境政策制定者面临的一个普遍问题是，满足一个群体的需求是以牺牲更广泛的社区利益为代价的。著名的公地悲剧模型将这一概念进行了模型化。这个模型是由美国生态学家加勒特·哈丁（Garrett Hardin）在全球人口增长和污染等问题（哈丁，1968）的背景下提出的，其主要观点是，可以公开获取的环境资本被滥用是不可避免的。

　　该模型假设：在一个每户拥有一头奶牛的社区，居民都可以到一块公共土地上放牧。一开始，放牧的奶牛的数量少于土地可以养活的最大数量。然而，由于奶牛是私有的，土地是公共的；如果可能的话，每户人家都想增加奶牛的数量。多出来的奶牛产出的牛奶和肉类都是私人的，但是由放牧和粪便污染造成的草地消耗却由社区共同承担。只要奶牛总量小于或接近土地的承受能力,就不会出现问题。一旦超出这个承载,牛奶产量就会下降,初生的牛犊也会变得瘦弱。

悲剧在于人们想养更多奶牛。即使问题变得十分严重,人们还是会选择无视。六头饥饿的奶牛可能比两头健康的奶牛产出的奶还少,但七头饥饿的奶牛比六头饥饿的奶牛产出的奶多一些。哈丁总结道:"在公共土地上,自由毁了所有人。"(哈丁,1968:1245)

这种模型的厉害之处在于,它可以分析形成环境问题的原因:人们为了一己之私,滥用环境资本,损害群体利益。直接扔掉垃圾比找垃圾桶更为容易,但会增加当地社区的成本(不舒适代价和街道清洁成本)。一个社区可能为了不付污水处理费更倾向于把污水倒入河中,给自己和其他城镇的村庄带来问题。各国/地区可以并且确实利用了大气作为污染池(sink for pollution),产生跨国/跨地区甚至全球性的问题(专栏 2.2、1.2、5.2、7.1)。利益归小群体所有,而代价全靠大群体承担(或直接进行财务分摊,或消耗环境资本),这就是公地悲剧模型的实质。

哈丁自己提出了几个解决问题的方法。其中之一是私有化:建立所有权就可以激励资源管理,防止过度使用。虽然理论上来说这个方法对有些资源(如游客过多的国家公园)是有效的,但对另外一些资源(如大气)就很难奏效。哈丁认为,劝诫个人负责任地行事,然后依靠自己的良知管控行为的想法是不切实际的。相反,他主张"彼此强制,彼此同意",制裁(包括法律制裁)不听劝诫者。

专栏 2.2

气候变化对非洲的影响

应对气候变化的传统方法有适应(adaptation)、缓解(mitigation)和最近常见的地质工程(geo-engineering)(见专栏 4.2)。适应指的是为应对气候变化调整自己的生活方式,比如建立海岸防线应对海平面上升,或者根据温度和降雨量改种其他种类的作物。缓解是指采取行动,减轻气候变化的程度和影响,比如可以减少大气中温室气体的排放量。大多数的缓解措施都包括减少温室气体的排放,如植树造林等活动可以增加二氧化碳的吸收,对缓解气候变化也很有效果。

气候变化对非洲的影响尤其大，因为大多数非洲国家的生活方式和经济都很不稳定。贫穷意味着他们没有足够的能力应对气候变化，也没有应对旱涝等自然灾害的管理机制。尽管非洲的区域气候预测模型远没有世界其他地区发达，且更加具有不确定性，但大多数已经完成的模拟研究表明：21世纪，非洲的年平均气温将可能上升3～4℃。整个非洲大陆的区域和季节因素变化很大，所以在一些地方，一年中的某些时候温度上升可能会更高。

水　气候变化很有可能影响降雨模式，沙漠化和旱涝灾害的风险都会加大，但由于很多不确定性，究竟会发生哪些改变是很难预测的。有证据表明，近几年来，非洲一些地区的降雨模式发生了很大变化。水资源可利用量是一个历史遗留问题，降雨模式改变可能会加大这些地区的压力，同时降低其他地区的压力。模型显示，北非和南非的水资源短缺风险最大。

健康　干燥的环境可能会消灭一些地区的疟疾，但高温意味着携带病毒的蚊子可以在较高纬度地区生活和繁殖后代。如果疟疾传到了从未接触过它的人身上，由于缺少免疫力，传染病暴发的概率会更大。气候变化不仅会对人类健康和动物疾病产生影响，在农业中也会产生连锁反应。

农业　预计非洲大部分地区耕地面积会减少，农作物生长期也会缩短，再加上降雨量的变化，粮食产量将会减少，营养不良也会变得严重。

生态系统　可以预见，气候变化会对植物和动物栖息地造成持久压力。气候变化对生活环境的影响很复杂，人们开采自然资源，虽然自给自足，但这是最脆弱的生活方式。预计气候变化还会影响森林产量，影响淡水渔业的生产力以及旅游业的发展。

沿海地区　气候变化带来的洪水、土地盐碱化和飓风等灾害，会危及农业、渔业乃至城市的发展，当然还会影响港口基础设施的建设。

非洲国家对缓解气候变化能做的有限。预计在2000年[①]，非洲人口将占世界总人口的13.4%，但碳排放量只占全球碳排放量的6.9%，其中一多半来自森林砍伐，剩下的几乎都来自化石燃料的燃烧（奥利弗等，2005）。非洲国家温室气体的排放量与其GDP的比值相对较大，原

---

① 关于"预计在2000年"这一表述，疑原著有误，但为尊重原著，此处保留这一表述。——编者注

因是其经济尚不发达,能源利用率低。要想提高能源利用率,就要加大资金投入。

很明显,人们已经在适应气候变化了。例如,改种作物,提高种植技术。但是,贫穷国家的适应能力尚弱,而一些必要的适应可能需要巨大的代价。

作为非政府组织的合作伙伴,气候变化及发展工作小组(Working Group on Climate Change and Development,WGCCD)倡议:

- 对贫穷国家适应气候变化的成本进行全球风险评估;
- 发达国家和发展中国家为贫穷国家适应气候变化买单;
- 有效应对与气候变化相关的灾难;
- 为贫穷国家提供帮助和发展战略,最大限度地降低风险、减少社区骚乱;
- 进行宣传活动,提高灾难意识;
- 如有需要,及时为移民提供计划和资金支持。

参考文献

博科等(Boko et al.,2007);气候变化及发展工作小组(WGCCD,2006)。

网址

政府间气候变化专门委员会:http://www.ipcc.ch/。

气候变化及发展工作小组:http://www.upinsmokecoalition.org/。

问题讨论

在公地悲剧中,整个社区为其成员的行为买单。

- 公地悲剧模型是否适用于此案例?
- 本案例和公地悲剧模型的区别是什么?

哈丁研究的主要主题是全球人口,他用这个模型论证了在一个更广泛的社会中(无论是在发达国家内部,还是在援助给予/援助接受国家之间)"自由繁殖是不可容忍的",否则社会就要养活未经家长深思就生下的孩子。因此,他认为家庭无权选择他们可以生几个孩子,而这一权利早已得到"世界人权宣言"的认可。

他通过提出救生艇模型(哈丁,1974)进一步论证自己的观点。他把世界各国的相对地位比作船只遇难的后果,有些人上了救生艇,没有性命之忧,而且救生艇有足够的资源维持其生存;而有些人则在危险的海洋中拼命挣扎。哈丁认为,救生艇中有良知的人可能会将水中的人救上救生艇,但这是错误的做法。救生艇会因超载而倾翻,到时候船上所有的人都会被淹死,或因缺乏食物和饮水而死。哈丁由此得出结论,发达国家可以拒绝向发展中国家施以援手,以最好地保证自己的生存,特别是对那些人口增长率没有有效降低的国家,更应该置之不理。

尽管哈丁的模型很有说服力和实用性,但还是被很多人批评。原因之一是哈丁对"公共"一词的使用不够准确。

> 哈丁描述的不是共享机制,在那种制度里,森林、水和土地的使用权取决于整个社区;他说的是一个开放获取的机制:没有权利、没有财产、为外部市场提供产品比生存更重要、产品生产不受当地物产资源的限制、"人与人之间似乎是不交流的"、收获者的利益是唯一的社会价值。
>
> (《生态学家》,1993:13)

埃莉诺·奥斯特罗姆(Elinor Ostrom)凭其理论和实证研究于 2009 年获得诺贝尔经济学奖,其合作者对公地悲剧的不可避免性提出了严肃的怀疑(奥斯特罗姆,1990;国家研究委员会,2002)。奥斯特罗姆把开放获取资源(open access resources)和共享资源(common pool resources)区分开来:前者如哈丁提出的模式,不受使用规则的限制;后者由社会和其他机制来管理。关于共享资源受人控制的例子有记录在案的,也有很多没被记录下来的(吉布森等,2000;国家研究委员会,2002)。表 2.1 总结了成功管理公共资源的关键条件。

表 2.1　共享财产制度的成功属性

1. 用户群体要有组织权利,或者至少不受干涉;
2. 资源界限必须清楚;
3. 用户的条件标准必须清楚;
4. 用户必须有权修正使用规则;
5. 使用规则必须符合生态系统能容忍的范围,并且允许纠错;
6. 使用规则必须清晰、容易强制执行;
7. 违反使用规则必须受到惩罚和监督;
8. 公地共有者对决策权和使用权的分配不一定相等,但必须看起来"公平";
9. 解决小冲突必须代价小、动作快;
10. 大型社会管理机构需要下放大量权力,使成员可以灵活地掌控自己的命运

资料来源:麦基恩(Makean,2000:43)。

然而,这些批评可能反而会证明哈丁提出的有力论据。共享机制就是因为有了"彼此强制,彼此同意"这一公约才得以正常运行。在开放获取的资源中,正如模型所预测的那样,由于不存在这种公约,随之而来的就是滥用和悲剧。

公地悲剧和救生艇模型的不足之处,并不在于它们预测了不受社会控制的经济行为,而在于未能明确其基本前提背后的道德假设。正如前文对《生态学家》的引用那样,在公地悲剧模型假设中,整个社会是以私有财产为根本的资本主义经济体系。救生艇模型的出发点是,生存所必需的基本资源的获取方式是不平等的,但其中有一个隐含的假设,即发达国家刚好可以保证自己的生存。对后现代消费文化的讨论证明,事实远非如此。模型假设:船上的人不会为了给水中挣扎的人腾出空间而变瘦;水中挣扎的人不能自救,只能从船上的人那里得到帮助。

更真实的比喻是这样的:一些幸存者在豪华游艇里避难,另外一些人在精心布置的游轮里休息,还有船客在救生艇上逃生,而更多的人则是落了水。规范开放获取制度所必需的彼此强制原则,必须以保护环境资本为目的。但是,要想真正达成彼此同意,就需要以公平和公正作为指导原则。哈丁的分析忽略了这一基本前提。

四、态度和价值观

在现实生活中应用哈丁模型时,必须把道德因素考虑在内,更重要的是把公民们持有的价值观考虑在内。究竟是什么样的人才会把自己和他人赖以生存的环境毁掉? 此时,脑子里会出现自私、金钱至上、目光短浅、无知、心胸狭隘等(形容词)。那些无私、心怀他人、目光长远、智慧以及善于倾听他人意见的人,肯定会极力避免哈丁预测的"不可避免"的公地悲剧。因此环境政策制定者一定要理解人类价值观与其行为之间的关系。

五、价值观是冲突的来源之一

在第一章中,我们定义资源是有价值的,废物是没有价值的。"value"指的是某个物体或属性的价值。虽然有些人会把金钱看得比其他东西重要,但价值有时是可以用金钱来衡量的。不过价值并不是一种物体或绝对的品质。不同个体、文化和宗教群体、社区和民族赋予同种物体的价值是不同的。专栏 2.3 的例子说明：除非参与者的价值体系趋于一致，否则就不会产生共识。有趣的是，案例研究表明，在或短或长的时间内，纠纷有时会促成价值观一致。

专栏 2.3

加冕山（Coronation Hill）

位于澳大利亚北部领土的南鳄鱼地区（South Alligator region of the Northern Territory of Australia）的加冕山蕴藏着丰富的黄金、钯金和铂金矿藏。自 20 世纪 50 年代以来，该地区开展了采矿活动，并于 80 年代开始为大规模开采矿产资源做准备。这引起了很大的争议，周恩族（Jawoyn）土著人反对这么做，并成功阻止了该地区进一步开采矿藏。

周恩族人的信仰并未完整记录下来，因为当地部落认为信仰是一种秘密。他们认为，当地许多地方是神圣的"布拉遗址"（Bula site）。之所以这么认为，是因为一位神的故事。这位神创造了人类和地球，后来被一只大黄蜂伤到了，变得十分虚弱；他爬了几千米，终于爬进了地下，与岩石融为一体。"Nagan-mol"一词就是用来形容石头中的这位神的血液和矿石的。如果惊醒了这位神，他就会把地球撕成两半。

周恩族人反对在加冕山附近开采矿藏，主要是因为担心有灾难发生。许多因素让这种想法变得复杂起来。首先是人们对布拉遗址的具体位置不确定。遗址位置的空间特征极其复杂，地下遗址连接点不明，而且距离越远，神力影响越小，没有明确的边界。周恩族人不愿打破讨论布拉神话的禁忌，因为这可能使他们表达观点时处于不利地位。再加上加冕山实际上是另一伙人（乌尔乌拉姆人）的地盘，这就让人们怀疑周恩族人为了占有加冕山才编造了布拉神话。事实上，尽管这些遗址仍然是禁忌，但人们对布拉神话的宗教信仰已经停止了，并且也增加了人们对周恩族人说法的猜疑。

尽管以上说法使这次纠纷变得更为复杂，但都不是周恩族人和采矿人之间冲突的根本原因。根本原因是，双方在能否在加冕山开采矿藏的价值观上存在分歧。开采公司当然是为了经济利益，希望从在加冕山上开来的矿物中获利。其他一些澳大利亚人，包括土著居民，也支持开采方，因为可以带来经济效益。

但对古老的周恩族人而言,加冕山保持原样才是最有价值的。这个地方有其固有价值,因为它很神圣,不过根本原因是担心惊动神与他的血液和矿石(Nagan-mol)之后会发生灾难。解决问题的方法在于能否给他们足够的金钱补偿,从而打消他们的顾虑,进而同意开采。澳大利亚其他一些开采纠纷就是通过这种办法解决的,土著居民收到几百万澳元作为补偿,最终他们同意开采。但加冕山这次的情况不同,双方没有达成协议,总理颁布法令禁止开采。

雅各布(1993)认为,把支持采矿和反对采矿双方的价值观进行两极化理解是不合适的。此次和其他几次采矿冲突将双方暴露在了对方的概念框架下。例如,现在澳大利亚多数人对土著居民的价值观和态度有了更深的认识。但是,学者、行政人员和政治家在试图解决问题时所遇到的困难表明,他们对土著居民的理解还不够全面。

参考文献

雅各布(Jacobs,1993);莱维图斯(Levitus,2007);杨(Young,1995)。

问题讨论

这是一个比较极端的例子,但多元价值观在遇到环境问题时确实会导致冲突。请浏览网站和报纸,找出三个在处理环境问题时双方观点各异的例子。

● 案例双方的观点各是什么?

● 有没有证据表明,冲突增进了互相理解,还是巩固了原有的观点和态度?

冲突导致争论,可以确定的是,争论会产生几种不同的观念。"观念"(discourse)一词是指构成团体和个人所使用论据的价值和假设,其具体表现为语言。例如,第一章中使用的"荒地"一词表明荒野本身并不重要。专栏2.3中的矿业公司可能认为加冕山是荒地。但根据周恩族人的价值观来看,这片土地是神圣的。通过"观念",我们可以了解个人和群体对世界的看法,以及他们是如何搭建自己的论点的。

六、外在与内在价值

行文至此,可以发现,环境重要与否都是以人为参考标准的。我们只讨论了在人类经济活动中由人类施加给环境、物体或属性的价值。

　　然而，人们认为存在两种价值类型——外在的和内在的。外在价值源于珍视者和被珍视者之间的关系。当然，主要还是珍视者自身的价值体系。但是一些分析家（内斯，1988）认为，环境及其组成部分还有其内在价值。这意味着，外在价值存在与否，皆取决于人类的看法。因此，环境的组成部分（单个有机体、整个生态系统甚至像岩石般无生命的物体）都是有价值的，无论它们是直接地还是间接地满足了人类的需求。

　　内在价值与生态中心主义（ecocentrism）的一套信仰（或观念）有关。生态中心（ecocentric）主义者认为：

- 人类是大自然的一部分，只是大自然中数百万物种里的一个；
- 自然界有内在价值，有些组成部分是不可侵犯的，比如仅存的荒野；
- 人类社会的资源需求和废物处理一定要得到有效管理，只有这样，人类才能在有限的自然系统中生存下来；
- 对科学技术的不当使用虽然会解决短期困难，但长期来看，会造成更多问题；
- 人类福祉既取决于物质，也取决于环境质量；
- 环境管理的正确原则是注意保护（preservation），而不是保存（conservation）。人类给环境带来的影响不应该只是（降至）最小，而应该是零。

　　生态中心主义倡导者针对现代和后现代的生产和消费模式发起了反抗运动，比如反对工业捕鲸、用核发电以及全球化。奥利德（O'Riordan）把生态中心主义细分为"深层环境主义者"（deep environmentalist）和"软技术论者"（soft technologist）。深层环境主义者采取极端立场保护环境不受破坏；而软技术论者强调，在满足人类需求的同时，应尊重自然环境的内在价值，尽量减少对环境的影响。

　　生态中心主义是许多绿色理念的基础，而且通常跟环境政策制定紧密相关，不同人群会因观念不同而发生冲突。但是，人们通常只能看到自己的需求，且只能看到环境资本的外在价值。在因对其他资源的过度开采和管理不当而引发环境问题时，要认识到这些问题都是以人类中心主义（以人为中心）的观点来看待的，因而并未考虑到其他物种或环境属性的内在价值。当下盛行的观念认为，环境是为人服务的。这是因为，"政策决定"这一行动是人类活动，以人为中心的价值是行动的基础。这一观点被称为技术中心主义（technocentrism），其主要内容如下：

- 以人类中心主义为主，认为人类独立于并高于自然界；

● 随着物质生活不断进步,人类有权掌管自然世界;

● 人类完全有能力运用科学和技术,不仅可以促进发展,还能解决由此带来的环境问题;

● 从保护主义的角度来解决环境问题,尽量给环境造成最小的伤害,同时获取最多的环境服务。

与生态中心主义一样,奥利德把技术中心主义也分成了两个支链。"适应者"(accommodators)认为应该通过有效的管理和规范解决环境问题。如此一来,环境对经济和人口增长并没有大的限制。"丰饶论者"(cornucopians)更为乐观,认为通过人类的智慧和技术发展,环境问题总会得到解决。

七、价值观和环保主义者

20世纪60年代中期以来,世界各地的环保意识迅速发展。之后的几十年,环境成了人们普遍关注的话题,公众和各级政治决策制定者对此也十分关注。后来出现了一批新的环保组织:一些人使用游说政客等传统方式活动,还有些人倾向于使用较为极端的方式,比如游行示威或者直接采取行动。在20世纪80年代后期,一大群人开始担忧环境,他们不仅加入了蓬勃发展的环保组织,还通过改变消费和生活方式来保护环境。

北半球环保意识的发展与这一时期的价值观变化密切相关。20世纪经济的快速发展,似乎引起了人们对环境的担忧,正如19世纪工业革命带来的担忧一样(麦考密克,1995)。从报纸对环境问题的专栏描写就可以看出人们的担忧,或者也可以从某个时期形成的环境保护组织的数量上看出来(劳和格莱德,1983)。

英格勒哈特(Inglehart,1977)利用马斯洛的需求层次理论比较了两代美国人——第二次世界大战之前和之后出生的美国人——的价值体系。20世纪60年代中期,随着战后一代成长而出现的明显的代沟是本次研究的推动力量。这个年龄段的人主张"权力归花"(Flower power),抵制越南战争,对环境问题关注较多,与其父辈的价值观和态度大相径庭。英格勒哈特做了一份调查问卷,这份调查问卷可以用来比较受访者的态度,并推断其价值观——区分唯物主义价值观(马斯洛需求层次理论中较低层次的价值观)和后唯物主义价值观(较高层次的价值观)。因此,与经济增长、通货膨胀和国防有关的问题可以用来评估受访者对唯物主义价值观的看法;与民主、人际关系、社区和生活质量有关的问题可以用来揭示受访者对后唯物主义价值观的看法。

调查结果发现，在两个年龄组中，尽管唯物主义价值观占主导地位，但后唯物主义价值观在战后一代人中更为普遍。他还发现了一个明显的悖论：后唯物主义价值观在比较富裕、社会经济地位较高以及受教育程度高的人群中也更加普遍。实际上，人们更看重自己没有的东西，贬低已有的财富。根据马斯洛的模型，战后美国空前的财富和丰富的消费品带来的物质安全使人们降低了对物质的重视程度，从而更加注重发展后唯物主义价值观。

英国的考特格鲁夫（Cotgrove）和达夫（Duff）修正了英格勒哈特的研究方法，他们发现，环保主义者比普通民众更加坚守后唯物主义价值观。这就引发了一个有趣且矛盾的问题：人们对环境的担忧是物质富足的产物吗？马丁内斯-阿利耶（Martinez-Allier，1995）强烈质疑这一结论，他给出了很多穷人也在保护环境的例子，并将其称为"穷人的环保主义"（environmentalism of the poor）。

很显然，价值观向后唯物主义的过渡对分析现代环保运动的发展十分重要，但人类的经济活动对资源的吞吐量有所增加，由此导致的环境问题也越来越多，这也是现代环保运动发展的一个重要因素。究竟哪个因素更为重要，人们看法不一，它们很可能产生了相互作用。一些分析家（如格鲁夫-怀特，1993）声称找到了第三个因素，那就是在科技和社会变化面前，现代消费者的无力感和焦虑感形成了担忧环境的外在表现。

当然，现代环保运动蕴含了一系列理念、价值观、信仰和态度。常用来区分深度环保法（deep approaches）和轻度环保法（shallow approaches）的重要特征如下：

● 深层生态学（deep ecology）是基于极端生态中心主义的一种方法。深度环保法把地球的健康放在首位，认为人类是次要的。

● 浅层生态学（shallow ecology）在认识到环境的重要性和解决环境问题的必要性的同时，更加以人为中心。轻度环保法的原则是拯救人类的栖息地，即地球，而不是拯救地球本身。

其他价值观通过和极端生态中心主义、极端技术中心主义的相互作用，产生了不同的环保主义理念。主流政治中的左右分化现象在环保运动中同样存在，比如个体自由和集体责任、政府在经济活动中扮演的角色。极端的生态中心主义通过淡化人类的需求来追求获得环境服务的公平机会，从而被一些更加人类中心主义的分析家贴上右翼的标签（如布克钦，1990）。环保主义与生态女性主义发展中的性别政治相似。这种环保形式,可追溯到环境资本的退化和压迫妇女的父权价值观上(加德和格伦,2003)。尽管索亚和阿格拉瓦尔(Sawyer & Agrawal,2000)已经将环保主义理念中的生态女性主义批评观(eco-feminist critique)深入到殖民主义和全球化中,但有趣的是,其对种族和环境问题的关系的分析却少之又少。

八、价值观与政策制定

以上关于价值观和价值体系的讨论似乎有些抽象,似乎与解决环境问题毫无关联。然而,人们持有的价值观以及所表达的观念,将会影响他们做出的选择以及由此带来的后果。如果想通过政策来解决环境问题,那么无论是在公共类型的悲剧事件中,还是在更为复杂的环境冲突中,价值观都是极其重要的。

政策制定者若想利用政策有效地改变人们的行为,他们不仅要审视自己的价值理念,还要洞悉他人的价值观念。虽然有些环境政策确实可以改变个体或公司的价值理念,从而影响其行为方式,但也会起到反作用。广告的目的是激发消费者对特定商品的购买力,从而刺激消费,最后增加废物制造量。所以,广告很明显就是一种操纵消费者观念的方式。

九、珍惜未来

本章前面提到过,智人与其他物种最大的区别之一是智人可以想象未来。但只有人们相信行动可以改变一切,并且愿意采取行动时,这种想象能力才会对未来有益。无论在什么文化背景下,这些因素都是阻碍。对个体本身来说,如何平衡当下的欢愉和未来的满足,或者自己和下一代之间的关系,是很困难的事情,在其有生之年未必能实现。穷人们食不果腹的时候,宁愿下一年挨饿,也要吃掉今年的玉米种子,而不会选择今年挨饿,下一年饱腹。要求人们牺牲自己当下的利益,为尚未出生而且很可能和自己毫无关系的"下一代"谋福利是很难的。有时,当代人做的事对后代来说是很危险的,比如专栏 8.1 中将提到的核废料,证明当代和后代之间可以找到一个平衡点。过去 50 年中核废料带来的危险,可以最大限度地通过发电来削弱,但并不能完全消除。

对于 20 世纪的西方文化来说,不善待未来的理由更多。这些理由源自悲观主义(从大众文化对未来的看法可以看出),来自哈丁公地中的宿命论(fatalism),这些观念狭隘且目光短浅。科幻小说和电影确实呈现了一些乐观的景象,例如,为了人类的利益,人们通过技术征服了整个宇宙(如《星际迷航》和《星球大战》)。如果生活不美好,一定是政治原因,而非环境问题,因为幸福美满才是圆满的结局。更为频繁的想象是对社会和环境的展望(目标受众是成年人而非家庭),它们被 20 世纪末期的后现代主义生产消费观所蹂躏(如《银翼杀手》和《黑客帝国》)。逃回大自然是一个不现实的梦(至少在《银翼杀手》的导演剪辑版中如此)。其他电影则通过技术直接预测启示(《疯狂的麦克斯》《终结者》和《28 天后》)。后两类电影表现了后现代理念的一部分,那就是如若失去了对未来的信仰,取而代之的将是恐惧。

对未来的展望并没有那么民粹主义。政府和智囊团推断发展趋势,预测未来,并做出打算。政府间气候变化专门委员会(IPCC)关于全球变暖(专栏1.2)的报道只是政府众多活动中的一个例子。然而,即使预测了未来的环境问题,人们也并不会制定政策避免这些问题发生。在民主社会中,出现这一情况的原因是后代没有投票权。受四年制或五年制选举周期的影响,政府不愿意为了将来的利益(即便是未来十年的利益)给当代人施加压力,以免影响到自己的选举。为了尚未出生之人的利益而牺牲当下人的利益,并不那么讨喜。另一个复杂原因是,预测总会涉及不确定性(见第四章),有些环境问题的证据尚不明朗,所以不确定性可以成为阻碍或延缓环境问题得以解决的原因。

十、深入研究问题根源

造成环境受损的原因多种多样:有些是人的本性使然,有些则是文化因素的原因。人的价值观念是关键。尽管价值观已经发生了很大变化,而且还会继续变化,如现代主义价值观正逐渐被后现代主义价值观所取代,但这是一个不可控的过程。考特格鲁夫的研究表明,物质富裕是环境保护主义的先决条件,要想在全球范围内及时采取行动,解决第一章中提到的环境资本消耗问题是非常重要的,然而希望是非常渺茫的。

环境政策的总体目标就是改变人们的行为方式。但是如何判断人类对环境资本的利用是否合理呢?当下最需要的是一套指导政策制定的原则。第三章中将会给出可持续发展和其他一些术语的概念,为环境政策的制定提出一些可行的目标。

---------------------------------- 拓 展 阅 读 ----------------------------------

　　戴蒙德(Diamond,2005)和庞廷(2007)的著作对了解人类进化以来与环境之间的关系很有帮助。若想了解本章提到的文化转变,马尔普斯(Malpas,2005)的本科教材是不错的入门读物;克莱因(Klein,2000)描写了文化转变产生的影响,并发现人们对此现象持强烈抵制态度。普林森(Princen,2005)提出,作为社会的组织原则,消费主义的另一种替代选择是充足性,他也给出了如何才能实现这种转变的建议。

　　哈丁写于1968年的《公地悲剧》广泛收录于各种经典环境选集中;迪茨等人(2002)从共享资源的角度分析了其他的可行方法。吉布森等人(2000)的著作分析了世界上几种常见的政权,并归纳了可持续管理的特点。

　　莱特与罗尔斯顿(Light & Rolston,2003)、萨顿(Sutton,2000)以及班森(Benson,2000)等人的文章记录了环境保护主义理念、价值观和环保活动等内容。多布森(Dobson,1999)和巴里(Barry,2003)简要介绍了道德和代际公平问题。

第三章　可持续发展与环境政策目标

本章将：
- 阐释把"增长的极限"和"可持续发展"当作环境政策的目标；
- 讨论可持续发展的概念及其含义；
- 介绍相关评估可持续发展政策的方法；
- 介绍一些较为宽松的替代标准。

一、发现问题，解决问题

前面两章集中探讨了人性以及环境问题的成因。从本章开始，将思考如何制定并实施一些可能的解决方法。对任何一个环境政策制定者而言，首先要确定政策目标。因此，本章将讨论如何确定合适的目标及其原则依据。

第一部分会介绍各种有关"人类面临的窘境"的观点，并说明"增长的极限"和"可持续发展"等理念会如何帮助确定环境政策目标。然而，尽管人们尝试走可持续发展的道路，但以这些原则确立的政策很少应用到实践中。

更多时候，政策不会十分激进，目标在特定情况下也会受限于其可实现性和可实行性。最后，本章会论述如何运用这些有限的方法确立环境政策目标。

二、人类面临的窘境

（一）马尔萨斯人口论(Malthusianism)

虽然第二章中提到过技术中心主义在工业社会发展时期盛行，但少数思想家早已开始从其他角度审视环境和人类之间的关系。其中之一是托马斯·罗伯特·马尔萨斯(Thomas Robert Malthus,1766—1834),他也是第一批经济学家之一。1797年,马尔萨斯出版了《人口论》(*An Essay on the Principle of Population*)一书。该书广受好评,第一版面世后,他虚心接受了大量批评意见,并做了一些修改(马尔萨斯,1803),但中心论点从未变过,即人口往往呈指数级增长,而粮食供给(农业产出)最多只能呈算数级增长。他凭此著作享誉至今。

马尔萨斯认为,如果人口在25年内翻一倍(比如从100万人增加到200万人),食物供给也要翻倍(从足够养活100万人,增长到足够养活200万人),因为人口压力会逼迫农民提高作物产量。但是,如果最适合耕种的土地都已经种上了粮食,那么作物产量能否增加,就要看投入的劳动力能带来什么效果。土地生产力下降,增加劳动力带来的额外(边际)回报率也会逐年递减,培植作物所需的额外工作量(比如除草等)也会达到最大可承受限度。

如果不抑制人口增长,到第二个25年期时,人口就会再翻一倍(即达到400万人),然后,接下来每个25年期都是如此(人口增到800万、1 600万……)。而马尔萨斯对农作物产量最乐观的预计是每个25年期按照固定量增长(第二个25年期末,足以养活300万人口,然后是400万、500万,以此类推)。他认为,除非是在18世纪和19世纪之交人口稀少的美洲等地区,否则,农作物产量连这一增速也很难达到。但随着时代的发展,相对于农作物产量而言,这些人口稀少的地区的人口也一定会过剩。

人类最终逃不开稀缺性。有些作家,如托马斯·潘恩和其他一些参与了法国大革命和美国独立战争的作家认为,导致这一现象的主要原因不是政治安排的无效和不公。根据马尔萨斯的观点,社会中最贫穷的阶层之所以会贫穷,是因为自然法则和神圣法则的共同作用。人性(由上帝即造物主所赐)会导致人口呈几何式增长,而这只会被上帝提供给人类的有限自然资源——饥饿、婴儿死亡率和其他因资源匮乏而造成的致命疾病——所限制。在《人口论》之后的几版中,马尔萨斯减少了对这种观点的论述,转而承认"道德约束"也会抑制人口增长(温奇,1992)。他所说的道德约束是指人们通过保持贞操、自愿晚婚晚育,从而缩短女性从结婚到绝经之间的时长。

当然,马尔萨斯的观点是高度生态中心主义的,他充分利用了自然法则来解释贫穷和痛苦存在的原因,但很大程度上忽略了(技术中心主义的)人类为避免这种窘境发生而去征服自然的可能性,甚至是征服自身的可能性。

比如,马尔萨斯提倡改革英国的《济贫法》,因为该体系会为处于极度贫穷的家庭提供财政帮助,而他认为这么做是在鼓励贫困人口继续保持不可持续的增长,这一理念就是哈丁理论(见第二章)的来源。

反对马尔萨斯观点的人可以分为两大类。丰饶论者(Cornucopians)(见第二章)声称,马尔萨斯关于粮食产量的分析是错的,证据可以在他写下《人口论》一文后的 200 年内觅得。其间,全球人口呈指数式增长(见图 3.1),尽管贫穷和资源匮乏严重影响了人口比例,但粮食产量并没有如马尔萨斯预料的那样呈算数式增长,而是根据整体需求呈指数式增长。这一增长率能否继续保持,取决于支撑工业化农业(专栏 1.1)发展的能源的可得性。

其他反对者认为,马尔萨斯关于人类无力解决人口问题和社会资源分配方式的观点是错误的。持这种论点的人常常强调马尔萨斯的背景——他是一位生活富足的牧师,也是一位受益于现存财富分配方式的学者,他经常为地主阶级争取利益。虽然他经常提倡自由贸易,但倾向于保留《谷物法》(Corn Law),该法律不主张从国外进口粮食,认为这样可以维持国内的高物价(从而保护了地主阶级的利益)(温奇,1992)。正是这种偏见让马尔萨斯把注意力放在了粮食作物的产量上,而没有质疑分配方式的公平性。经验似乎表明,贫穷会促使人们多生孩子,而物质富裕会促使人们节育(莱辛格等,2002)。这跟马尔萨斯的预测正好相反。

(二)"增长的极限"

马尔萨斯的观点不仅适用于粮食产量极限,还适用于资源供给和废物系统极限。这一观点是《增长的极限》(The Limits of Growth)一书的基础(该书影响力颇大)(梅多斯等,1972)。作者运用计算机模型检验了世界人口呈指数式增长的趋势,以及相应的农作物产量、自然资源的利用、工业生产和污染等的增加。

图 3.1 显示了最广为人知的参考情景,即 21 世纪初期全球经济产出迅速崩溃的情况。原文如下:

> 这个"标准"的世界模型假设自然环境、社会经济或有史以来统治世界体系的社会关系没有发生重大变化。图中所有变量都是根据 1900 年到 1970 年的历史数据设置的。起初,食物、工业产出以及人口一直呈指数式增长,之后资源迅速减少,迫使经济增长放缓。由于系统运转的天然延迟,在达到工业巅峰后,人口和污染都会再持续增长一段

时间。最终,食物和医疗服务的匮乏导致死亡率上升,人口停止增长。

（梅多斯等,1972：124）

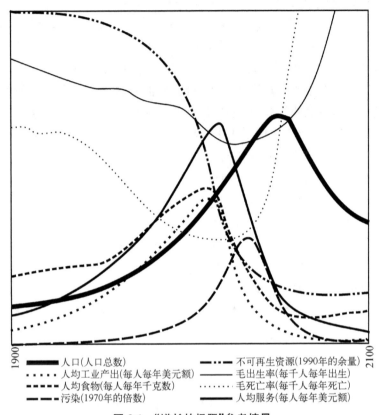

图例：

- 人口(人口总数)
- 人均工业产出(每人每年美元额)
- 人均食物(每人每年千克数)
- 污染(1970年的倍数)
- 不可再生资源(1990年的余量)
- 毛出生率(每千人每年出生)
- 毛死亡率(每千人每年死亡)
- 人均服务(每人每年美元额)

1900   2100

图 3.1 "增长的极限"参考情景

资料来源：梅多斯等(1972：图 35)。

参考案例中,限制经济发展的因素首先是自然资源的可得性,所以当时对《增长的极限》一书的几个流行解说都把焦点放在了资源消耗上。这一研究引来了许多批评：时间证明,作者忽略了资源转为存储量所需的时间。《增长的极限》中预测的资源短缺问题并未出现,这已在第一章中给出了解释。为了研究的公平性,模型中的几个情景变量是基于对未来资源可得性的乐观预测所设立的。如图 3.2 所示,在超负荷的废物汇(waste sinks)中出现的污染越来越多,导致死亡率上升,粮食生产遭到破坏。

作者虽然以最乐观的态度预测了资源可得性、污染控制技术、出生率可控性和每公顷土地的粮食产量等几个方面的发展趋势,但工业产出和人口仍然呈指数式增长,直到受到某个因素(或某几个因素)的限制,然后达到巅

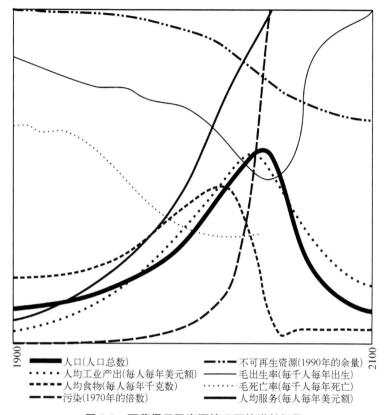

图 3.2　可获得无限资源情况下的增长极限

资料来源：梅多斯等（1972：图 37）。

峰（2100 年前），最后才迅速下降。

其他对该研究的批判较为基础（卡恩等，1976；西蒙，1997），比如：

● 该研究对未来科技发展可能会缓解环境问题，尤其是可以增加能源和资源利用率的说法，所持态度过于悲观；

● 该计算机模型"考虑"的变量太少，把这些变量推及全球范围也过分简化了实际情况；

● 该模型没有区分不同的经济模型。经济增长可以是能源和资源密集型的，其会对环境造成破坏（比如，因道路交通的扩展而带来的增长），但也可以是环境友好的（比如，因管理良好的林业的扩张而带来的增长）。

然而，《增长的极限》研究的重点不是要准确预测 21 世纪的任何事件；而是要在一个封闭的系统内证明"人口增长的指数性质"（梅多斯等，1972：189）。作者承认，更多的资源和更好的技术可以推迟达到极限的时间，但他

61

也声称,与经济增长相关的人口增长会在某个阶段受到环境的限制。即便如此,作者明确指出,上述经济和人口崩溃的情况并非不可避免。他们的观点[在1992年的后续作品《超越极限》(*Beyond the Limits*)中重申]如下:

> 这些增长是有可能稳定下来的,达到生态和经济双重可持续发展的稳定。全球均衡发展的状态能满足每个人最基本的物质需求,让每个人都有机会发挥自己的潜力。

> (梅多斯等,1972:24;1992:13)

"全球均衡状态"(state of global equilibrium)的基础是稳定的人口和物质财富。在这样一个稳定的世界里,处理全球贫困和饥饿问题的唯一途径是财富的再分配,其目的是不让穷人更穷,或者至少有些富人包括发达国家只有平均收入的富人不会变得更富。梅多斯等人可能低估了在这样一个稳定的经济体内实现财富的平均分配将遇到的政治和经济困难,但有一点他们是对的:如果人口继续增长,根据他们不同版本的模型预测,这些问题会变得更加严重。

(三) 把"增长的极限"设为政策目标

"环境达到极限后经济就会停止增长"这一观点已经过时了,人类很难根据这一理念得出的政策目标制定政策并实施。即使是那些已经拥有足够多的资源来满足基本需求的人,仍然想为自己和孩子多争取一些。根据这些政策,那些没有资源的人就应该永远贫困,除非财富能够进行再分配,但财富是由富人把控的。财富分配机制不够灵活,向穷人传达的信息就是蛋糕只有这么多,没有抢到的就只能凑合着吃面包屑了。

所以,"增长的极限"虽可以成为环境政策的总体目标,但它是对深藏诸多不公的世界的绝望。这种政策(如果可以施行的话)的目的是实现稳定状态——经济零增长,出生率和死亡率维持平衡。无论这些分配政策是建立在梅多斯的富人对穷人的利他性引渡上,还是建立在马尔萨斯和哈丁提倡的完全不同的方法上,它们对穷人和富人的财富影响都是很糟糕的。

因此,虽然环境限制是环境政策制定的基础,但它们自身并不能对制定公平可行的政策进行有效指导。相比于由极限增长分析得出的结果而言,对分配问题的考虑——财产权、资源获取的公平性以及为穷人提供的服务等,则使得制定政策建议和目标变得更为复杂。

三、可持续发展

若要对可持续发展进行定义,最常引用的是 1987 年在世界环境与发展委员会(World Commission on Environment and Development)的报告中提出的有关观点,也就是委员会主席格罗·哈莱姆·布伦特兰(Gro Harlem Brundtland)发表的布伦特兰报告(Brundtland Report)。以下摘录详细展现了这一定义的全面性,它远远超出了对环境政策的简单定义。

人类有能力实现可持续发展——确保能满足当代人的需要,又不对后代人满足其需要的能力构成危害。可持续发展的含义确实蕴含着极限——不是绝对的极限,而是由当代技术和社会组织对环境施加的限制,以及生物圈吸收人类活动影响能力的限制。但技术和人类组织(的能力)都可以通过管理得以提高,并为新时期的经济增长开路。委员会认为,广泛的贫穷不再是不可避免的。贫穷本身就是一种邪恶,可持续发展需要满足所有人的基本需求,并且要实现机会公平,让穷人实现其追求美好生活的愿望。贫困的世界总是容易出现生态灾难和其他灾难。

满足基本需求不仅需要为贫穷国家提供一种新型经济增长方式,而且要保证穷人得到他们应得的资源份额以维持其发展。确保公民有效参与决策的政治制度有助于发展这种平等,国际政策中广泛的民主倡议也会推动平等。

可持续的全球发展要求富人采用环保的生活方式,如在对能源的使用上。此外,迅速增长的人口可能会增加对资源的压力,并抑制人们生活水平的提高;只有在人口规模增长与生态系统不断变化的生产潜力相协调的情况下,才能实现可持续发展。

然而,可持续发展并不是一个固定的和谐状态,而是一个变化的过程,在这个过程中,资源开发、投资方向、技术发展方向和制度变化与未来及当下的需求是一致的。我们不能假装这个过程很简单或者很直接,而是必须做出痛苦的选择。因此,可持续发展归根结底取决于政治意愿。

(世界环境与发展委员会,1987:8-9)

四、可持续发展的意义

可持续发展的几个基本原则都源自对上述摘录的研读,然后才形成了倡导可持续发展的理念。第一,需要注意的是,被广泛引用的第一句话是对信仰而非事实的陈述。鉴于迄今为止人类为满足当前需求所采取的做法(更不用说尊重未来的需求了),人们完全有理由对委员会所表达愿望的现实性持怀疑态度。然而,除非有更充分的理由(目前尚未出现)来取代这个概念,否则这个概念是远远不够的。因为根据定义,可持续发展目前只有两个发展方向——不可持续的发展或根本不发展。

第二,公平是可持续发展的基本概念。布伦特兰所说的公平是指代内或代际资源服务分配的公平性,即确保所有人的基本需求都可以得到满足。其实公平和平等(每个人得到的一样多)不是一个概念,这也暗示了富足的生活方式需要加以调整。

第三,该定义蕴含了技术中心主义(technocentric)理念。人类比自然更重要。人类的需求是定义的核心,环境限制可以通过人类的智慧协商解决。如果要满足现在和未来人口的基本需求,那么在增长极限的分析内所设想的经济增长停滞不前是不能接受的。

第四,只有通过政治,也就是政策,才有可能实现可持续发展。此外,在国家内部和国家之间做决策的政治制度也要改变。

第五,该定义可以有不同的解释(雷德克里夫,1987;阿杰和乔丹,2009)。发展的意义是什么?是增加的物质财富还是更高的生活质量?当前的合理需求是什么?后代的合理需求是什么,又怎么预测?对后代的责任是永远的吗?更重要的是,政策制定者如何能确定他们的政策是真的可持续呢?可以认为,这些不精确性是这个概念的优势之一,因为它们已经广泛地被政府间、政府和非政府组织所接受,且已通过激发对此概念实际意义的辩论达到了宣传和推广的目的(凯茨等,2005)。但应该明确的是,可持续发展作为一种愿望,需要被进一步阐述,然后才能被决策者视为有用,并将其变为现实。下文将探讨一些已经研究出来的方法,以将这一概念应用到实践中。专栏 3.1、3.2 和 3.3 中的案例研究会帮助读者理解这些方法是如何应用到纳米比亚、芬兰和马达加斯加的野生动物和森林管理中的。

专栏 3.1

纳米比亚的生存环境与保护

　　无论当地对旅游业的控制有多好,游客仍旧经常给当地社会和经济带来压力。环境管理实践的目的是保护环境资本,但会严重影响当地人从土地中获利。所谓的壁垒保护(fortress conservation)就是一个很好的例子——创建野生动物保护区,不允许狩猎。当地人发现自己不能再在原来的地方狩猎、获取食物和木材了。此外,动物徘徊在保护区边界之外,以附近村庄的粮食和家畜为食。通常,大多数游客都是发达国家处于中等富裕水平的人。有时,这些游客渴望享受世界不同地区的自然遗产,但可能会严重降低那些刚好能满足其需求的当地人的生活水平。

　　这种冲突可以通过不同方式得以解决。方法之一是要依靠两个"主角"的经济实力。游客有钱;而当地居民没有,因此他们的利益在这一过程中并不重要。但是,追求公平意味着可以用相反的逻辑来解决这些争端,也就是把穷人的生存需求置于富人的娱乐享受之上。这几种解决方法都不能令人满意。把游客的需求置于当地人的需求之上,会引发对自然保护区的非法捕猎,从而对环境造成破坏。但如果允许当地人任意进入自然保护区,就会导致开采过度,使自然保护区丧失生物多样性。如果这种环境退化阻碍了潜在游客的观赏,那么发展中国家就会失去大量(急需的)外汇。

　　另一个有创意的方法是双方在解决问题的过程中都可以获得好处,同时也可以树立环境保护意识。如果可以用这种方式对野生动物进行管理,让当地人可以控制一些资源,并从旅游业中获利,那他们就很可能愿意支持旅游业的发展以及后面的环境管理计划。这种方法被称为社区环境保护,或以社区为基础的自然资源管理(CBNRM)。

　　纳米比亚的托拉保护区(Torra Conservancy)是一个特别成功的例子。保护区在纳米比亚西北部库内(Kunene)的南部地区有一个保护区居民协会。这块土地于 1998 年首次得到保护,于 2000 年形成了一个自行管理的组织。在此之前,即使支持自然保护的居民,有时也会对野生动物产生敌意。后来他们从旅游业中收到了些许好处,便没有参与到自然资源管理中去。保护区禁止打猎,但非法狩猎却屡见不鲜。

该保护区引进了一套合法的、有制度保护的资源管理框架和程序,并受当地社区的民主控制,且该社区的大部分成员都参与了资源管理。从捕捉野生动物中获得的利益,比如钱和肉,都会公平透明地进行分配,这一点彻底改变了人们对待野生动物的矛盾态度和行为。旅游业收入提高,带来新的工作岗位,非法捕猎也不再是一个严重的问题。

斯堪隆(Scanlon)和库尔(Kull)认为,有三个重要因素决定着向当地人提供好处是否有助于培养保护主义态度和行为:

● 物质利益必须能完全弥补野生动物捕猎家禽带来的损失,并满足当地人的需求、公平分配;

● 野生动物的管理权必须移交给当地人,允许他们掌控整个过程;

● 文化和社会经济环境必须有利,比如具有凝聚力的社区、共同的愿望以及加强环境保护意识的宗教和道德准则。

参考文献

斯堪隆和库尔(Scanlon & Kull,2009)。

网址

纳米比亚 CBNRM 协会赞助组织:http://www.nacso.org.na/。

问题讨论

● 从材料中能否得出托拉保护区遵循了可持续发展的三个主要标准?

● 材料中提到了哪些环境资本形式和社会资本形式?

● 材料中有没有提到旅游业带来的环境影响?

专栏 3.2

芬兰的森林管理

本案例评估了芬兰商品林业(commercial forestry)的可持续发展性,同时也与专栏 3.3 中马达加斯加的森林管理方式形成了对比。

在所有的林业管理中,树木资源的可持续性靠的是几十年间树木砍伐与种植之间的平衡。但森林不仅仅是木材的来源,还代表了生物多样性和游憩资源。

　　芬兰的林业对国家经济有很重要的作用,占国内生产总值(GDP)的6%,占2007年出口总额的20%。在芬兰的林业生产中,41%的产品是纸、纸浆或硬纸板。芬兰出口的纸制品占了世界纸制品出口总额的11%。

　　芬兰是世界上森林资源最丰富的国家之一,三分之二的土地都是森林,而且自从开始在农业用地上种植树木,这一比例还在持续增加。芬兰的全国总木材量达到220 100万立方米,每年新增9 900万株幼苗。一百多年来,芬兰的森林管理一直奉行稳定产量的原则(the principle of sustainable yield),确保每年的树木砍伐量不超过更新量。国家对已砍伐区域(clear-felled area)进行再造林。再造方式有两种,第一种是自然播种,第二种是补播或栽种树苗。生长区域根据需要薄化,确保达到最大生长速率。

　　图3.2.1表示,在1960—2000年,树木的重生速率大体上和采伐速率持平,而且在1975年之后,重生速率远超砍伐速率。根据第一章中的定义,这意味着资源是可以重生的,也可以得到可持续管理。但这并不表明商品林业对环境没有负面影响,我们需要把在种植、砍伐和加工过程中使用的化石燃料以及杀虫剂考虑进去。

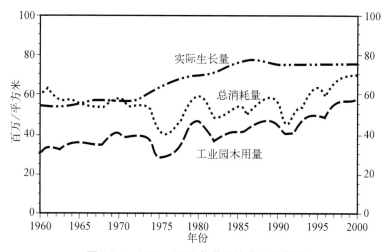

图 3.2.1　1960—2000 年芬兰的森林平衡图

　　然而,这种商业化对生物多样性的影响是最具争议性的。有几年时间,反对芬兰和其他斯堪的纳维亚国家发展商品林业(commercial forestry)

的活动层出不穷,原因是认为木材砍伐会对野生动物和生物多样性,尤其是会对古老的雪森林产生负面影响。一旦林地被砍伐,重新栽种会导致树木、植物以及动物多样性降低。比如栖息在芬兰古老山杨林中的鼯鼠,由于栖息地丧失,它们也不那么常见了。伐木的噪声对一些物种也会造成伤害。

根据景观生态原理,荷兰已经为大约三分之二的古森林提供了保护。这意味着各保护区之间是由本土野生动物栖息地连接的,这样一来,它们可以进行迁移和异种交配。2009 年,各方终于达成了协议,芬兰将为拉普兰 35 000 公顷的原始森林提供保护。但是,如果树木的采伐量不能超出再生量,全国的林地会达到生产极限。今年,芬兰企业已经在俄罗斯开展了新的业务,因为那里对雪森林的开采较少,环境保护机制较为薄弱。

参考文献

芬兰森林研究所(Finnish Forest Research Institute,2009);国际绿色和平组织(Greenpeace International,2010)。

网址

芬兰森林研究所:http://www.metla.fi/。

芬兰自然联盟(Finnish Nature League):http://www.luontoliitto.fi/forest/。

国际绿色和平组织:http://www.clearcut.fi/。

问题讨论

● 根据材料分析,芬兰的商业林是否遵循了可持续发展的三个主要标准?

● 材料中提到了哪些环境资本形式?这些形式是关键的(critical)、恒定的(constant)还是可交易的(tradable)?如果都不是,还需要哪些额外信息?

专栏 3.3

马达加斯加的森林管理模式

马达加斯加大部分人口都靠自给型农业(subsistence agriculture)

生存。很大意义上来说,森林是一种资源。它们最重要的用途有以下几种:充当土地来种植作物;保护地势较低的地方免受洪灾;为岛上居民提供燃木,且是岛上的主要能量源。在该岛的东部雨林地带,农耕方式主要是砍伐和燃烧树木。砍伐一片森林,等到树木被晒干后,就把它们烧掉。该地土地不太肥沃,只能种植一到两季,之后必须休耕。农民会清理出一片新的土地,留下休耕的土地自行重生。

1960—2004 年,岛上人口从 540 万增加到 1 790 万,是原来的三倍还多,给农业用地造成了很大压力。小块耕种土地的休耕期缩短至三年,如此短的耕作周期根本不能让土壤活力得以恢复,因此导致了一连串的恶化:森林边缘的不毛之地使农民不得不深入林地内部,重复同样的耕种方式。人们把栽培工作从平缓的土地转移到了坡地,但这样一来,雨水径流会带来水土流失,让整个耕种问题变得更加复杂。森林砍伐会导致洪水泛滥,反过来,洪水泛滥又加剧了森林砍伐。

除了农业给森林造成的压力之外,人们对木材的需求也造成了树木流失。人为的移徙、土地保有权无保障,再加之为商业采伐拓宽道路,都会加剧这些情况的恶化。岛上现已出现大面积森林砍伐:据估计,1950年,岛内有 27% 的面积被森林覆盖,到 2000 年,这一数字下降到 16%。

马达加斯加的生物多样性、燃木资源、土壤肥力和防洪能力都在逐年下降,而且由于土壤覆盖面积减少,土壤肥力降低一旦发生,便很难弥补。尽管有古生态学证据表明,过去气候发生变化时,某些森林类型可以复原,但未来的气候变化对留存的森林也会是不小的挑战。

参考文献

麦康奈尔等(McConnell et al.,2004);哈伯等(Harper et al.,2007);维拉·索密(Virah Sawmy,2009)。

网址

野生-马达加斯加:http://www.wildmadagascar.org/。

问题讨论

● 根据材料分析,马达加斯加的森林管理模式如何违背了可持续发展的三个主要标准?

● 材料中提到了哪些环境资本形式,关键的(critical)、恒定的(constant)还是可交易的(tradable)? 如果都不是,还需要哪些额外信息?

五、评估可持续性的三个主要标准

判断政策或项目是否可持续发展的最简便方法是,看其是否符合公平性、未来性和重视环境这三个标准(皮尔斯,1989)。

● 该政策或项目对穷人和富人之间财富分配,及其他会影响人们生活质量的因素(比如环境质量、是否处于犯罪或其他伤害之中)产生的影响,就是公平性标准。只有能减少贫困、降低不公平性的政策或项目才符合可持续发展的理念。

● 该政策或项目从短期或长期来看有什么不同影响,就是未来性原则。代际公平原则意味着不能以长远的代价来换取经济、社会或环境等短期利益。

● 该政策或项目是否考虑到了环境的价值。认为环境服务是免费的,不需要考虑如何最小化这些成本的观点皆有违此原则。

尽管在回答这些问题时往往需要进行详细的评估,但这些标准会让人们做出不同的判断。无论基础分析多么精细,基于这三个标准的判断通常都具有主观性和争议性。为了解决这一问题,经济学家研发出了一套系统的评估可持续性的方法,如资本方式(capital approach)。

六、评估可持续性: 资本方式

作为环境服务的源头,环境资本在本书第一章开始便提到了。"资本"一词来自经济学,传统的资本指的是基础设施(如公路、电站和工厂)和生产商品的设备(如机器)。此处,资本指的是人造的物品。资本是古典经济学中提到的生产三要素之一,其他两个是劳动力(如人力)和土地。自古以来,土地被认为是自然资源,但现在更多指的是广义上的环境资本。

第八章介绍了环境和生态经济学的最新发展,以及为何重新定义"资本"一词。同时也讨论了评估环境资本和环境服务的方法,即给其一个名义上的货币价值,还讨论了伴随这些尝试的悖论和困境。为了达到以下讨论目的,我们假定这种评估是一种技术上的可能性:第八章考察了与这个假设有效性相关的问题。

社会资本的概念在第一章中也提到过,但其理论基础尚不牢固,会出现测量或经济价值上的一些问题(哈特菲尔德-多兹和皮尔森,2005)。社会体制满足了社区需求,无论是医疗卫生、儿童保育、教育、流动性,还是有意义的职业或陪伴,都可以称之为社会资本。如果它们受到破坏,生活质量也会随之下降;反之亦然。

可持续性原则之一是,一代人至少要把从其祖先遗传下来的东西完好地移交给下一代。显然,这适用于经济、环境和社会三种资本形式。保护、养护和提高经济基础设施是当代的责任,以便下一代将有相同或更好的机会来生产物质产品。同样,可持续性意味着保护、养护和增强环境(和社会)资本,从而保持或增强环境(和社会)服务的流动。

环境资本可以转换成经济资本。比如,一旦沼泽地的水被抽干并盖上建筑物,其生物多样性会被工业地产的资本代替。建造房屋地产会消耗不可再生资源:建筑材料;在工厂内制造机器;提取资源,将其运输到建筑工地等环节都需要能源支持。

环境资本转化成经济资本这一方法的可持续性向我们提出了一个重要问题:究竟要加强养护资本总量(经济、环境和社会)还是分开考虑呢?用小部分环境资本换取较多的经济资本可取吗?认为可取的观念被称为弱永续性(weak sustainability)(特纳,1993)。另一种极端观念被称为强永续性(strong sustainability)(见图 3.3)。也就是说,虽然将自然保护区转换成高速公路服务站相当容易,但要逆转这一行为要困难得多,而且在某些情况下,其实是不可逆转的。例如,如果物种由于罕见的栖息地消失而灭绝,就

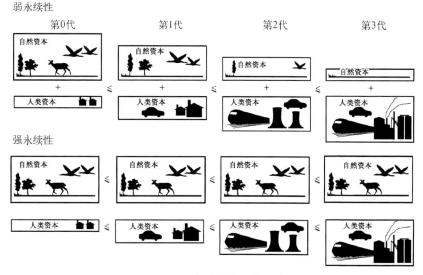

图 3.3　弱永续性与强永续性

不可能再出现了。污染土地、水和空气可以获取经济资本,但把这些汇总起来回到原始状态可就难多了。因此,可替代性大多是单向过程。至少在整个 21 世纪,未来几代人比当代人口要多,他们对环境服务的需求也是无法确定的。为了最大限度地从环境服务中受益,可持续发展政策必须根据强永续性(strong sustainability)原则来绝对保护环境资本。

然而,考虑到环境资本多变的类型和性质,这些极端的立场都经不起严密的推敲。如果坚持维持与今天完全相同的各种形式的环境资本,会走向"增长的极限"这一立场。有些形式的环境资本比其他形式更为重要,在一些情况下,用一种形式的环境资本替代另一种形式的环境资本是可行的。对环境资本进行分类的一种方法就是认清它们之间的差异,可将其分为关键环境资本、恒定环境资本和可交易环境资本(CAG Consultants,1997)。

关键环境资本(critical environmental capital)是用来描述最重要的环境属性的术语。它们可能执行着重要功能(如平流层、臭氧层,可防止最有害的紫外线辐射到达地球表面)。或者,可能是罕见且高度珍贵的,如孟加拉虎及其栖息地。被定义为关键环境资本的环境资本,必须是不可替代的。定义也涉及规模问题。对其地区来说很罕见的栖息地可能在别处很常见。如果足够重视(出于经济、生态或美学原因),它可能被认定为在该区域内是"关键"的,而在国家范围内则不"关键"。对政策制定者而言,一旦某一环境资本被定义为关键环境资本,就必须至少得到几代人的保护,甚至得以强化。

恒定环境资本(constant environmental capital)描述的特征也很重要,但是其对管理的要求则不太严格。恒定环境资本尚不稀缺,但如果管理不慎,也可能变得稀缺。资本存量不得低于一个假定的阈值,尽管这个阈值的确切数值可能不准确,或可能是有争议的。如果某种环境资本达到临界水平,就会被重新定义为关键环境资本。恒定环境资本发挥着重要功能,但这些功能可以通过其他方式来实现,或通过替换同类资本(某个地区的物种灭绝后,可以通过在别处建立和增加栖息地来补偿),或通过环境资本的替换(放牧的山坡可能会因采石被摧毁,但在矿物开采结束后,可以建立野生动物保护区或垃圾填埋场)(来实现)。恒定环境资本在空间方面的考虑和关键环境资本相同。

最后一类环境资本被描述为可交易环境资本(tradable environmental capital)。它是一种为了创造物质财富可被牺牲的资本形式。要么是这些环境资本没有面临稀缺的危险(如大气中的氧气),要么是它们提供的环境服务不是特别重要(如老鼠和其他害虫),或者它们的功能很重要,但可以用其他方式替代(如果城市里没有了娱乐休憩空间,可以通过在附近另一个城市建立来弥补;如果合适的垃圾填埋场变得稀缺了,可以进行垃圾焚烧)。

因此,将环境资本划分为关键的、恒定的和可交易的三个类别,是决策者的一个有用的理论工具,他们需要决定必须为子孙后代保存哪些环境资本,决定哪些是可消耗的。在实践中,应用这些概念时会出现困难。关于定义,其实会涉及很多问题,无论是环境功能、稀缺性还是用于确定其类别的资本价值,都可能会出现这些问题。下面会介绍这些问题,专栏 3.2 和专栏 3.3 的问题讨论中也提到了相关问题。

特定的环境资本可提供一系列特定的环境服务,因此,对于某些目的来说,它可能是关键环境资本,而对于其他目的而言则是恒定的或可交易的环境资本。村庄绿地上伫立着的一棵古老的橡树,就其自身生物价值和生态价值而言,它可能是一种恒定的环境资本。然而,在村庄的遗产和舒适性方面,它可能就是关键环境资本了,因为它提供的环境服务不能持续几个世纪。如上所述,由于缺乏阈值的科学信息,面临边缘问题时,很难确定其类别。即便有足够的科学信息,对它的解释也可能存在争议。世界上几乎所有的海洋捕捞区都面临鱼苗数量维持在什么水平才能保证其持续繁衍的问题,科学家和渔民们对此问题的看法也相持不下(详见专栏 7.2)。

七、评估可持续性： 环境空间方法

环境空间方法通过测量人类生活方式的可持续性,尝试关注人们对环境资本和环境服务的使用情况。对人类活动和选择的关注使可持续性的评估比环境资本模型更为精确,这种方法完全符合布伦特兰报告,尤其是它将代内(intra-generational)公平和代际(inter-generational)公平共同纳入评估范围。

环境空间分析首先要计算环境服务消费的可持续率(sustainable rate)(Wackernagel & Rees,1996)。范围(scale)在这一计算中十分重要。对于为国家提供贸易产品的环境服务(如矿物和农产品)而言,就需要以全球为衡量范围。然而,一些不容易运输的可再生资源,如水,其可持续利用率必须在资源可用的范围内进行计算。

一旦确定了合适的计算范围,环境服务可以使用的最高比率就被称为环境空间。计算方式取决于环境服务的性质:

- 对于可再生资源而言,环境空间就是资源的再生速率;
- 对于不可再生资源而言,环境空间取决于资源的存量、提取该资源对环境的影响以及在一定时期内是否能用可再生资源进行替代;

● 对于环境汇集（environmental sink）而言，环境空间就是废物被同化同时不对环境系统造成破坏的速率。

按照合适的区域、国家或全球人口划分，环境空间每年可持续地向人们提供环境服务，使其能享受自己"公平的份额"——这一数量既不会对环境资本造成破坏，也不会侵犯他人享受该资源的权利。

与环境空间相关的一个概念是生态足迹（ecological footptint）（Wackernagel & Rees，1996）。"空间"是特定资源的平均消费目标，"足迹"是特定范围内所有商品和服务的实际消费对环境产生的影响。

> 一个国家的"足迹"是所有农田、牧场、森林和渔场的总和。这些地方生产食物、纤维和木材；吸收能源后产生废物；为基础设施建设提供空间。由于世界各地的人们都会消耗资源，无论他们在世界何处，其"足迹"都留存在这些地方。
>
> （世界自然基金会，2008）

图 3.4 比较了世界前 150 名中一些大国的人均生态足迹。生态足迹的测量单位是全球性公顷（global hectare，gha），代表平均每公顷土地生产资源和处理废物的能力。碳足迹（carbon dioxide）是碳排放造成的一种生态足迹，占全球生态足迹的一多半。

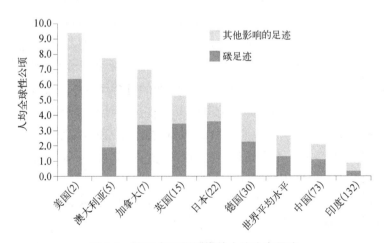

图 3.4　2005 年不同国家的人均生态足迹

括号中的数字是世界排名。
资料来源：2008 年世界自然保护基金会。

美国人均足迹排名第二（仅次于阿拉伯联合酋长国），但是和中国全国足迹相等（全国足迹为人均足迹乘以人口数）。尽管印度人均足迹很小，但其全国足迹排名仅次于中国。

以 2005 年的全球 65 亿人口为例，最大可持续生态足迹（或环境空间）是2.1gha（世界自然保护基金会，2008）。现在全球平均值为 2.7gha，所以整个地球处于生态赤字，消耗的资源和产生的废物处于不可持续的水平。总体而言，图 3.4 中的数字既表明了全球生态足迹总量的规模和差距，也说明了将其降低到可持续水平所需的变化规模。

八、环境政策的替代性目标

环境管理的方法有很多，其目标和目的都体现在环境和/或社会绩效上，但远远不符合可持续发展的严格标准。

自 20 世纪 80 年代中期以来，欧盟（European Union）越来越重视环境，认为治理工业污染的经济成本没有那么重要。根据 1996 年的欧盟综合污染防治控制（Integrated Pollution Prevention Control，IPPC）指令，不带来过高成本的最佳可行技术（Best Available Techniques Not Entailing Excessive Costs，BATNEEC）的旧标准已被最佳可行技术（Best Available Techniques，BAT）所取代。这一变化避免了为尽量减少环境影响而安装尽可能好的操作设备所造成的"成本过高"缺陷。但是，即使是最好的技术，如果超出环境空间的使用范围，也会导致不可持续的消费。

除了在不断变化的监管框架下强迫企业采取行动，也应自愿改善环境管理。较大的公司已经选择采用 ISO 14001 等环境管理体系，且现在正在对那些为它们提供服务的小公司施加压力。所有的环境管理体系的目标都是不断改善环境。环境管理体系的理论和实践将在第五章中进行更全面的介绍，但现在需要指出的是，改进目标和达到这些目标的时间表是由公司自己设定的。

事实证明，这些标准在提高商界对环境问题的认识方面非常有用，一些企业和行业的表现对环境产生了非常积极的改善。但是，必须强调的是，符合 BAT 等法律要求和 ISO 14001 等自愿性标准并不等同于能达成短期或长期的可持续性，因为它们所应用的标准比可持续性要求要低得多。

首先，这些标准的关注点很狭隘，通常专门针对环境影响。例如，虽然欧盟 IPPC 指令使英国更多公司接受 BAT，并且通过用 BAT 取代 BATNEEC（2002 年国家清洁空气协会）来收紧标准（要求），但许多公司并不愿意遵守这一标准。一些公司(如银行和其他金融机构)对环境和世界各地人们的生活质量有着巨大的间接影响。其他一些公司可能对环境的影响更大,但比较分散,比如对航空公司而言,IPPC 仅适用于可能严重损害地区环境的产品和生产流程。

其次,BAT 和 ISO 14001 不会引起有关公司产品和生产流程固有可持续性(对环境不利)的基本问题。对人类而言,可持续发展以公平和高效的方式满足当代人和后代人的真正需求,而这超出了以上标准的施行范围。2006 年出版的《英国标准 8900:2006 年可持续发展管理指南》(*British Standard 8900: 2006 Guidance for managing sustainable development*)比 ISO 14001 更进一步,因为它涵盖了社会和环境两个方面。然而,它只提供指导,而不提供 ISO 14001 的认证标准,因此本质上效力较弱。

最后,这些标准都是基于现有生产活动而被提出的,并力图指导各方在近期内有所提升。这就鼓励企业朝更好的环境绩效逐步改进,而不是为了可持续性而彻底改变。立法者和监管者继续加强管理方法,之后出现的环境管理标准和可持续性管理标准可能不会再有这个缺点了。可以说,赋予英国监管机构——英格兰和威尔士环境局(Environment Agency,EA)及苏格兰环境保护局(Scottish Environmental Protection Agency,SEPA)更为宽松的 IPPC 就是一种很明显的转变证据。根据 IPPC 指令,受监管的单位必须达到规定的能源和资源效率,并尽量减少废物生产,以达到污染管理和废物管理的要求。

九、可持续消费?

有些方法试图改变消费者行为,而不是改变工业行为,这些方法被称为可持续消费政策。可持续消费是欧盟可持续发展战略的重要组成部分。这些政策旨在减少或消除消费对环境和社会产生的负面影响。富克斯和罗瑞克(Fuchs & Lorek,2005)区分了可持续消费的弱观点和强观点。

弱观点(weak discourses)主张维持现有的生活方式,同时通过提高生态效益来减少其不利影响。其将产品分为有机、高能效、公平交易(fairtrade)等几类,并说服消费者使用更具生态效益的商品,如节能灯泡和节能汽车或隔热屋;以上方法可以提高生态效益的消费,而不会带来任何生活方式的重大变化。强观点(strong discourses)较为激进,它提倡改变生活方式。它可能包括定期购买食物,减少浪费;减少食用肉类和乳制品,降低碳足迹;在家使用暗光,降低热量水平,节省能源;乘坐公共而非私人交通工具;减少旅行。富克斯和罗瑞克质疑仅仅通过提高生态效率可以真正实现可持续消费的可能性，但是欧盟在这一方面重在推行弱观点所倡导的内容。普林森（Princen）认为，消费政策和生活方式的指导原则应该是充足性，而非高效性。

十、从设立目标到评价目标

作为环境政策的目标，增长的极限毫无吸引力，因为它没有考虑到人类对美好生活质量的追求。相比之下，可持续发展既涵盖了环境责任，又考虑到了当代和后代人的需求。这个具有挑战性的有力概念无疑会影响未来几十年的环境政策制定。

可持续发展受到诸多学术和政治上的批评。由于很难给它下定义，不同人有不同的看法，要把它转换成可以实现的政策目标以供政府、企业和其他组织采用就更难了。就算真能制定出这样的政策，也很难实施，因为无论怎样定义可持续发展，它都是一个具有挑战性的目标。而且就算实施了这样的政策，由于缺乏为大家所公认的定义，也很难评价结果是否可持续。所以不出意料，环境政策制定者都会采用弱可持续消费观（weak sustainable consumption）、BAT 以及本质上要求不太严格的其他环境管理标准。

无论结果如何，都要经历一个政策制定过程：这一过程将在第五、六、七章中详细介绍，其中包括公司、国家和全球的政策制定过程。但是，第四章中会首先讲到在环境政策制定中必不可少的角色——科学信息和技术发展。

-------------------------- 拓 展 阅 读 --------------------------

1987 年，世界环境与发展委员会（World Commission on Environment and Development）的报告阐述了布伦特兰可持续发展的愿景，这是在历史上非常重要的一份文件，它很容易被理解，值得一读。贝克（Baker，2006）和德雷斯纳（Dresner，2008）描述了有关可持续发展的概况，亚当斯（Adams，2008）和埃利奥特（Elliott，2006）也描述了发展中国家的可持续发展概况。

2008 年，世界自然基金会（WWF International）对生态足迹理论和超大足迹的影响（implications of oversized footprints）进行了很好的诠释。

维尔福德（Welford，2003）讨论了基于 ISO 14001 等体系的环境管理的局限性，以及公司如何、为什么可以实现可持续发展。杰克逊（Jackson，2006）对有关可持续消费的辩论进行了概述。

第四章 科学与技术：政策与悖论

本章将：

● 回顾科学信息和政策制定之间的关系；

● 讨论如果科学信息不明确，该如何制定政策；

● 讨论环境问题和可持续发展背景下的技术；

● 介绍适用技术（appropriate technology）、生态现代化和预防性环境管理的概念。

一、科学、技术和政策制定

本书强调人类行为是造成环境问题及提出解决方法的关键，但并不意味着环境科学与环境政策制定者毫无关联。本书前几章内容介绍了几个抽象概念，如环境资本、环境服务以及环境极限等。只有了解与环境系统运作方式相关的科学信息（如确定一片森林的"可持续产量"是多少）（见专栏3.2），才能把那些抽象概念具体化。不过，政策制定者需要知道，科学方法是有限的，同样，提供这些方法的科学信息也是有限的。

通过技术把科学应用到实践中，既是环境问题的成因，也是解决方法的源头。技术存在的意义就是满足人类的需求，那么适用技术要具备哪些特征才能可持续地满足人类的需求呢？

二、科学

政策制定者需要知道什么？

环境问题可以大致归为三类：微观问题、中观问题以及宏观问题（多佛斯等，2001；见表 4.1）。

表 4.1 可持续发展政策制定遇到的问题属性和规模描述符 (descriptors)

问题属性

1	空间范围的形成原因及结果			
	当地范围	国家范围	区域范围	全球范围
2	影响量级			
2a	对自然系统的影响			
	轻微	中等	严重	灾难
2b	对人类系统的影响			
	轻微	中等	严重	灾难
3	影响的时间维度			
3a	时机（timing）			
	近期（月、年）	中期（年、数十年）	长期（数十年、数世纪）	
3b	影响时长			
	近期（月、年）	中期（年、数十年）	长期（数十年、数世纪）	
4	可逆性			
	快速/迅速可逆	可逆困难/可逆但代价巨大	不可逆	
5	因素和过程的可测性			
	众所周知	有风险	不确定性	鲜为人知
6	复杂度和连通性			
	离散、线性	复杂、涉及多种反馈和连接		

问题反馈属性

7	形成原因			
	离散、简单	基础、系统		
8	政体相关性			
	不相关/超出管辖权	首要责任		
9	溯源性			
9a	方法的可得性			
	完全足够	可得工具/安排/技术	完全不够	
9b	方法的可接受性			

问题反馈属性			
	几乎不反对	道德/社会/政治/经济阻碍	强烈反对
10	公众关注		
10a	公众关注度		
	低	中	高
10b	公众关注的基础		
	广泛分享	适当的理解差异	不同看法
11	目标明确度		
	非常明确	大致明确	没有目标

资料来源：摘自多佛斯等（Dovers et al.）的文章（2001：5）。

微观问题的特征是表中上半部分列出的内容,相应的策略是下半部分的描述符。管理一块特殊的栖息地或者处理一次小的污染事件就属于微观问题。中观问题的特征可以从中间一列看到,是指区域性或国家性的问题,比如林业或公共交通的相关问题,就可以通过地方或国家层面解决。宏观问题的特征从表中右侧可以看出,比如平流层的臭氧消耗(见专栏 5.2)和全球变暖(见专栏 1.2、1.3、2.2)。这些都会出现在国际政策制定日程上,政策应对需要新的探索和新的形式,然后才能解决问题。

表 4.1 展示了政策制定者所需的社会科学信息(8、9b、10 和 11)及自然科学信息(表中其余内容以及本章节内容)。理想状况下,环境政策制定者在面临环境问题时,需要了解以下科学信息:

- 问题的性质、严重性以及空间范围如何?
- 如果不采取行动,问题会如何发展?
- 问题本身会导致更多问题吗?
- 造成问题的原因有哪些?
- 环境资本被破坏了吗? 如果是,这种破坏可逆吗?
- 如果环境资本受到了影响,是关键的、恒定的还是可交易的?
- 有什么方法可以减少问题或消灭问题;这么做的花费是多少,需要多长时间? 是否有效?

专栏 4.1 描述了牛海绵状脑病(Bovine Spongiform encephalopathy, BSE)即疯牛病的案例,如果政策制定者没有在需要做出关键决定的时候充分和完整地回答上述问题，那么，这种复杂的科学案例就可能会造成环境问题。这种情况既不是科学的错，也不是科学家的错。因为科学传递的环境问题信息往往比理想状态下要少，还有一部分原因是方法上的困难。但科学与科学家之间的关系对整体社会和政策体系而言也是有问题的。

专栏 4.1

牛海绵状脑病

海绵状脑病会导致脑部组织恶化，进而出现神经系统紊乱，最终死亡。这种病多在哺乳类物种中出现，在人类中被称为克罗伊茨菲尔特·雅各布病（Creutzfeld Jakob disease, CJD），即克雅病，后来发现牛也会得此病。1985 年，在英国肯特确认了首例牛海绵状脑病（即疯牛病）。报道称，疫病在 1992 年达到高峰，超过 35 000 头牛感染疯牛病。

当时，英国的政策制定者向科学家们提出了两个重要问题：是什么导致了疯牛病？食用感染牛肉是否会危害大众健康？第一个问题很快有了答案。通过检查患病牛的食物摄入史，发现它们都曾食用过含有羊、牛和其他动物残骸的饲料。1988 年 7 月，政府颁布了禁止给牛、羊和鹿饲喂含有动物蛋白的饲料的禁令，充分证实了这就是该病的感染途径——这是科学辅助政策的一个很直观的例子。

但是食用感染牛肉是否会给人体健康造成潜在危害很难评估。20 世纪 80 年代末至 90 年代初，官方的说辞是没有确凿证据可以证明疯牛病会导致克雅病，因此英国牛肉可以放心食用。部长们的首要任务是确保牛肉行业的重要经济效益，如果国内外消费者认为疯牛病会传染给人类的话，对英国牛肉产业无疑是一种灾难。然而，谁曾料想，从感染到出现症状是要经过几年时间的。"人类疯牛病"在潜伏期没有任何有害症状。

政府借用科学家（的研究成果）来证实自己的说辞。但是作为科学咨询委员会主席的理查德·索思伍德爵士（Sir Richard Southwood）声称，他所提的建议不仅是根据当前科学知识做出的，而且也是为了迎合高级公务员和部长们的需求。温特（Winter）观察到：

> 政客们会借用科学的名义,声称不需要颁布禁令(关于在人的食物中添加牛的内脏),只是因为政治上不可接受。
>
> (温特,1996:563)

事实上,由于越来越多消费者担心英国牛肉的安全性问题,英国于1989年11月颁布了关于禁止把六个月以上牛的内脏作为人类食物和药品原料的禁令。

1996年3月,据报道,出现了一种新型克雅病,与之前诊断出的类型完全不同。克雅病患者的平均年龄是63岁,但新型克雅病患者平均只有27岁。科学家认为(尚未证实),新型病例(变异克雅病)可能是在20世纪80年代末期食用牛肉导致的。

现在又出现了两个新问题,而科学却无法给出明确的答案。首先,如果是疯牛病导致了变异克雅病的出现,那么这些不幸的受害者是食用牛的内脏(自1996年就禁止在人类食物链中使用)时感染的,还是食用原始牛肉甚至牛奶或奶酪时感染的? 对这些选择的政治倾向明显是不同的。生物学家证明,感染媒介是一种阮毒体(Prion),但没有在肌肉组织或牛奶中检测到,所以这些食物不太可能是病毒来源,但现有的科学水平也不足以把这种可能性完全排除在外。

其次,变异克雅病的患者还会出现多少? 报道预计,到2002年1月,最多将有50 000~100 000人会因接触感染的牛而死亡(弗格森等,2002),并警告道,如果疯牛病传染给英国的羊群,还会导致50 000人感染甚至死亡。实际上,截至2009年,全世界范围内只有200个病例确诊,每年感染新型病毒的人数在下降,说明流感巅峰已经过去了。但是,所有病患都有一种特殊的基因类型,占人口总数的40%。2008年诊断出的两例新型病例说明,不同的遗传组合导致潜伏期的长短不同,也许未来几年会出现新一轮的流感高峰(卡斯基等,2009)。

参考文献

温特(Winter,1996)。

问题讨论

● 在疯牛病暴发之前,预防原则可以应用在哪一阶段? 事实上又是如何应用的?

> ● 富含饱和脂肪的牛肉或牛肉制品与心血管疾病有关，这类疾病在 20 世纪末期造成英国每年 250 000 人死亡，占所有死亡人数的 40%。为什么当时造成死亡人数占比相对较小的变异克雅病会给政策制定者和公众带来如此大的恐慌？

三、科学方法的优缺点

（一）还原论

还原论（Reductionism）是一种科学方法，由 17 世纪早期法国哲学家兼科学家笛卡尔（Descartes）提出。还原论主要解释了系统各个组成部分的机械功能。还原论调查方法的运用给科学的发展带来了巨大进步，但即使是封闭的系统，也不能完全由组成部分的独立功能进行解释。对于开放系统而言，简易还原法的作用就更小了，由于过度关注系统组件，可能会相对忽略外部输入。甚至在系统内部，如果单独检查每个组件，就不会识别出不同组件之间的协同作用。整体往往大于组成部分之和，但除非检查整体而非各个组成部分，否则是不会意识到这一问题的。

詹姆斯·洛夫洛克（James Lovelock）首先提出了盖亚假说（Gaia hypothesis），但围绕这一假说的争议也曾不断出现，有人认为，还原论和整体法与科学法不匹配，会带来哲学问题和实践问题。科学家们普遍认为，生物体有能力通过体内平衡过程进行自我调节及新陈代谢。例如，哺乳动物有代谢系统，可以将体温和血液的体积以及电解质含量保持在一定范围内。如果这些系统失效，动物就会死亡。洛夫洛克提出了一种新奇的观点：地球作为一个整体，也具有这种自我调节能力。于是他以古希腊地球女神之名为其命名——盖亚行星。

> 盖亚行星在很多方面都很难描述。最多可以说它是一个进化中的系统，一个由所有生物和表面环境、海洋、大气、地壳岩石组成的系统，并且这两部分的紧密耦合不可见。它是一个"新兴领域"，是由地球上的生物及其环境相互演化而来的系统。不涉及预见论、计划论或目的论（揣测大自然的设计或目的）。

> （洛夫洛克，1991：11）

尽管洛夫洛克在提出盖亚假说之前做出了长期卓越的科学探索,但在试图公布其理论时却遭到了科学界的排斥。《科学和自然》等高级期刊拒绝刊登由洛夫洛克及其合作者生物学家林恩·马古利斯(Lynn Margulis)合著的盖亚假说相关论文(洛夫洛克,1991:24)。洛夫洛克认为这是还原法思维对科学家的束缚,使他们无法对大自然进行整体深思。这不仅意味着他们的工作不能通过整体观点来获知;也可能导致不同科学学科之间产生障碍,如物理学家对生物学的了解甚少,海洋学家对生物化学的了解也甚少。

(二) 实证主义(Positivism)和证伪(Falsification)

在 19 世纪末 20 世纪初,一群欧洲实证主义哲学家提出了这样的观点,即知识只能从经验和自然现象的经验主义中获取,因此宗教和形而上学的信仰体系是无效的。一位有影响力的实证主义先锋卡尔·波普尔(Karl Popper,1965)将科学方法描述为提出假设、验证假设、拒绝或再验证假设的一系列过程。波普尔认为,只有经得起测试的假设才是"有效"的,因为只有通过测试,才能发现并驳斥错误假设。通过测试且没有被拒绝的假设可能:暂时有效但不一定真实,也许未来的测试会证伪它们。由此得出,假设可以被证伪,但不能被证实。这意味着证实任何假设在逻辑上都是不可能的。

政策制定者在为每个问题寻找科学的答案上是有难度的。比如,专栏4.1 中的案例指出,公共安全至关重要。选民想知道现有的做法安全与否。政客也想知道,他们是否有必要采取诸如屠杀感染区内所有的牛等不必要的措施。所以,政客让高级公务员去问科学家"这样做是否安全"?但科学家不可能百分百地给出确切的答案。

当前无证据不代表证据不存在,只是尚未被挖掘出来而已,又或者像疯牛病的征兆一样,证据在未来几个月、几年甚至十几年内都不会出现。通常假设化学物质释放到环境中后会产生特殊的有害影响,甚至还有数据统计表明因子(如环境中的杀虫剂)和假设效果(鸟的数量降低)之间具有相关性,但这并不能证明是杀虫剂减少了鸟的数量。在高标准证据上建立因果关系,意味着不仅要为该效应(假设)提供一个合理的机制,也要找到支持该假设的科学证据。在这些情况下,对什么是"充分的证据"这一问题,双方要达成一致尤其困难,所谓污染的受害者可能会以低得多的证据标准来解决问题,而依赖商业活动获取利益的人则不会这样做。

科学家清楚地知道相关性(correlation)和因果关系(causation)之间的区别,也会根据概率向政策制定者做报告。因此,政府间气候变化专门委员会(IPCC)对温度和海平面上升的预测(见专栏1.2)是不同情景和模型给出的上下浮动区间内的平均结果。这并不是说要排除不在这一区间的所有结果,而是科学家认为发生的可能性不大。

专栏4.1说明,政客们最好能理解这些区别,但又担心这些概念过于复杂,民众难以接受。因此,科学家所说的"无有害证据"到了政客们给公众的解释中便成了"安全"。此外,案例研究表明,在政治化环境中工作的科学家的敏感性可能导致他们淡化难以接受的结论。因此,公众不一定会相信政治家和科学家所说的一切。

(三) 社会中的科学

后现代主义(post-modernism)(见第二章)的出现同科学与社会之间的关系有两方面的关联。首先,实际上,文化改变被称为"后现代"(post-modern),比如生产和消费模式的变化,同时也伴随着态度的改变。现代到后现代的转变与公众对组织机构(教堂、公司和政府)日益降低的尊重感不无联系,以及与对启蒙时期出现的民主和科学等理念的信仰日渐衰弱息息相关,这些理念推动了现代化和工业革命的发展(鲍威尔,1998)。

后现代社会是"风险社会"(risk societies)(贝克,1992),充斥着工业化带来的焦虑。尽管物质条件和人的寿命短期内得到了提升,人们却愈加担心一些问题,如污染、疫苗、核武器以及转基因食品等。科学无法给出统一的、具有说服力的真实保证,政客们对科学关于安全的误释也加速了这个过程。

后现代主义和科学之间的第二个接触面是哲学性的。后现代哲学反对实证主义。新理论家认为科学是一种社会建构活动,是社会内部权力结构的一部分(贝斯特和凯尔纳,2001)。政府和企业等既得利益者对科学进行资助并加以指导,科学家出于自身利益表示"我们需要做进一步的研究"。仅仅由于这一原因,一些科学所揭示的真理必然是片面的。

然而,此处出现了更深层次的问题,大自然是否具有客观实在性呢？所有科学最终都是通过人类认知来解释的。一些后现代主义思想家认为,对这些看法的科学解释并不比其他诸如占星术或伏都教等的解释更真实有效。索卡尔(Sokal,2008)为科学方法的后现代批评提出了一套强有力的反驳论点。尽管承认有关既得利益角色争论的合法性以及科学知识的用途,索卡尔却不认同相对论,因为相对论对宇宙的天文解释和占星术解释是一样的。他指出,科学是基于证据的,破坏科学的哲学基础可以发挥既得利益者的作用。在描述相对主义如何使乔治·W. 布什总统在早期允许美国联邦政策制定中把科学专业知识边缘化时,加萨诺夫(Jasanoff,2003)提出了同样的观点。

虽然政策制定者需要理解后现代主义理念,但这些观点在解决世纪环境问题时却毫无作用。尽管科学有局限性,但没有任何一种信仰体系能对物质和自然世界有深刻理解。我们面临的挑战是:在可能的情况下缩小公民和专家之间的鸿沟。从公民对附近电信桅杆微波辐射的担心,到热带国家被要求放弃他们开发森林资源的权利,科学话语很容易被无视潜在受害者的论点和建议推翻(伯默尔-克里斯蒂安森,2001;加萨诺夫,2003)。所有相关利益的参与者以及对科学方法论、哲学和政治特征的肯定几乎都会产生更为民主的结果,而不只是平平淡淡的保证。

四、科学信息不确定时如何制定政策

如果政策制定者对所提问题得不到满意的答案,还如何继续进行? 当科学家对蕴藏着极大危险的事情进行调查时,保持静默不是明智之举。针对这种情况,有两类应对措施:无悔战略或实施预防原则。

(一)无悔战略(No-regrets strategies)

出现未曾被认识到的环境问题有一个好处,那就是可以强迫人们重新思考长期以来形成的工业进程。这么做可以优化工业进程,从而消除或减少污染,通常还会伴有生产成本降低或产品质量提升等效果。这一方法被称为无悔战略。这些变化会带来明显的经济利益,与环境效益毫无关联。不确定污染是否会带来问题并不影响决策,除非经济利益处于被影响的边缘或具有不确定性。无悔战略的效果之一就是具有成本效应的能效改进。

(二)预防原则(The precautionary principle)

政策制定者面临的两难问题是,所有可用的无悔战略都已用尽,而问题还未解决。如果科学证据不足或不确定,还能用什么理由干涉当前的状况,特别是在需要一个或多个利益相关者付出很大代价的时候。

假设污染物 A 正被释放到大气中,此时物种 B 的数量正在下降。少数科学家声称 A 可能是罪魁祸首,尽管他们还没有证实这一点。想象一下,在这种非常简化的情况下,政策制定者只有两种选择:什么都不做或禁止排放 A。此时可以参照可持续发展的原则及其三个关键标准:公平性

(equity)、未来性(futurity)和重视环境(valuing the environment)。公平性意味着确定两个选项的输家和赢家，以评估哪种选择最公平，但没有证据的情况下不能这么做。未来性标准意味着在当代和未来世代之间进行同样的平衡，由于缺乏准确的科学信息，这也是不可能实现的。重视环境意味着要确定 B 代表什么类型的环境资本，是关键的、恒定的还是可交易的？这点对政策制定者很有帮助。如果 B 是可交易环境资本（既不稀缺也不特别有价值），而非关键环境资本（稀缺、有价值和不可替代），那么颁布禁令的合理性就很难被证实。因为即使 B 被归为关键环境资本，仍然没有证据证明是 A 导致了 B 的下降。

在缺乏自然科学的情况下，以上都是主观判断，每个判断的基础都是风险概念。在最基础的层面上，风险是日常生活中经常遇到的事情。过马路前，大多数人都会左右观看。异国情调的节日到来前，政府会安排预防热带病的疫苗并为此买单。没人希望他们的房子被烧毁，但大多数人会支付小额年度保险费，以确保万一房子烧毁能够得到补偿。这些例子都采用了预防性原则。通过接受小而直接的代价，把未来成本的风险降到最低，如果不这么做，成本可能会大得多。

将这种方法应用于 A 和 B 这一恼人的问题，就可以在不需要判断的情况下澄清问题。对于三个标准中的每一个而言，最有用的问题不是会发生什么，而是可能会发生什么。像往常一样，可以开发基于业务如常开展的最佳和最差模拟情境，并评估其可能性，然后决定是否采取预防原则，支付"保险费"（禁止 A 的成本）以避免这种风险。

只要环境问题存在不确定性，政策制定者的态度既可以是乐观的也可以是悲观的（见图 4.1）。无论哪种情况，时间最终会告诉人们真相，结果也会在这两极之间。如果乐观理念影响了政策制定者，那一切都会照常进行，只要事实证明乐观主义者是正确的，世界会依旧美好，预计的环境问题也不会出现。然而，如果悲观主义者是正确的，一切事物照旧的话，那么，会带来环境灾难。实施预防性原则意味着倾听悲观主义者的观点并为预防措施买单。如果乐观主义者是正确的，未来经济不会受到规章制度的阻碍，再加上有了良好的环境，整体状况将会非常好。但是，如果悲观主义者是正确的，预防性措施就可以避免最糟糕的环境灾难，把风险最小化。

从事后决策的透明度来看，专栏 4.1 是一个有趣的案例，案例中采取了非预防性决策方法。乐观主义者的观点被采信，然而悲观主义者的观点被证明是正确的，尽管由此产生的"灾难"（见图 4.1）尚未知晓。如果该疾病一

	采取乐观者的政策	采取悲观者的政策
乐观者正确的后果	优秀	良好
悲观者正确的后果	灾难	可忍受

图 4.1　风险和预防

资料来源：摘自克斯坦萨(1989)。

出现就采取严厉措施,把感染的物体从动物和人类食物链中排除,可能就会避免成千上万的疯牛病(BSE)病例和大多数变异克雅病病例。这种决定可能是出于预防目的而做出的,但矛盾的是,科学证据永远不可能证明其正确性,因为如果没有这两种流行病,病毒从牛到人的传播永远不会存在。

五、技术

技术是"科学的应用",在环境政策的制定和实施中起着重大作用。这一点可以从技术、自然环境和可持续发展三者间的基本关系中看出。尽管一些动物仍在使用原始工具,如木棍和石头,但由此发展出的技术和享受将人类和其他物种区别开来。

技术带来的好处是巨大的。是技术让全球人口增长到了近 70 亿。农业和灌溉技术是第一次文明的基础,也是唯一可以满足全球人口食物需求的方法。医疗和公共卫生技术,如疫苗接种、抗生素和排污系统降低了婴儿死亡率,延长了成年人的预期寿命。除满足这些基本需求外,技术还能让一定比例的世界人口过上舒适和富裕的生活,并有机会旅行和享受消费品。

但是,技术带来的好处是有代价的。技术不仅可以让人类以比任何其他物种快许多倍的速度消耗资源,还可以让人们利用自己的聪明才智逃避因过度开发当地的环境资本而产生的直接后果。一个超出自然资源基础容纳度的动物种群,其制造废物的速度比消化这些废物的速度更快,从而损害了关键环境资本,就会导致动物数量急剧下降,并可能灭绝。因为人类有能力通过技术远距离传输自己或所需商品,所以社区的发展不受任何特定地方环境的限制。技术能否同样打破全球局限性?专栏 4.2 讨论了一些提议的优点和风险,那就是通过被称为地球工程的大规模技术干预措施,来限制温室气体排放所造成的损害,从而管理大气,管理太阳能对地球的输入,最终管理气候。

专栏 4.2

管理地球(engineering the planet)?

地理工程学(Geo-engineering)旨在使用大规模技术干预,吸收大气中的碳排放,或通过遮阴(shading)降低温室气体的温室效应。虽然已经提出了几种方法,但都没有大规模试验过。这些提议包括:

空气捕获(air capture) 人造"树"通过使用无碳能源(核能或可再生能源)把二氧化碳从大气中提取出来,长期储存在地质汇或海洋汇中。尽管这样做比从根源捕捉碳更昂贵、消耗能源更多,但这是一个"等着瞧"(wait and see)的技术,因为由于经济增长,后代们如果想避免气候变化带来的影响,他们将有能力支付高昂的代价(皮尔克,2009)。

海洋富化(ocean fertilisation) 根据相关理论,向海洋中注入富含铁的营养物质会促进海藻的生长,它将开花干枯,最后沉入海底,有效去除碳循环中的生物量。然而,计算显示,这种方法的最大吸收率比当前全球化石燃料的排放率要低得多;而且还有其他未预见的生态效应,可能会对食品安全、生物多样性以及气候带来负面影响。

向上层大气注射粒子(particle injection to upper atmosphere) 众所周知,硫能有效增加云层厚度,从而遮蔽下面的土地。气候模式表明,20世纪70年代和80年代,欧洲和北美洲的硫污染有着显著的降温效应。但是,这种技术不会影响大气中的二氧化碳浓度,而且浓度会继续上升,从而导致海洋酸化。此外,高层大气中的硫含量增加会干扰和逆转臭氧层再生(见专栏5.2)。出于这些原因,威格利(Wigley,2006)建议,最好使用气溶胶喷射来为降低大气中碳含量的策略争取时间。

空间反射镜(reflection in space) 伦特等人(Lunt et al.,2008)运用气候模型表示,在地球轨道放上空间反射镜可以降低到达地球的太阳辐射,理论上可以防止地球平均温度升高。但还是会有气候变化——热带地区温度降低,全球降雨减少,北极冰减少等。有了粒子注射,这种方法不会降低大气中已有的二氧化碳含量,因此海洋酸化仍是个问题。这个工程的经济成本很高,抢夺了可用于其他可能有效策略的资源。

> 　　2009 年,英国皇家学会对地质工程进行了回顾,并得出结论,认为这些技术不是《联合国气候变化框架公约》中缓解和适应战略的替代性方案(第七章)。报告提议:
>
> > 　　应进一步研究和开发地质工程方案,若有必要降低 21 世纪气候变暖的速度,就要寻找低风险方法。这包括适当的观测、气候模型的开发和使用,以及经过精心策划和执行的实验。
> >
> > (英国皇家学会,2009:9)
>
> **参考文献**
>
> 英国皇家学会(Royal Society,2009)。
>
> **问题讨论**
>
> ● 如果这些被提出的地质工程计划都是适宜的技术,你会如何评估?
> ● 在这种评估中,如何采取预防性原则?

六、技术和可持续发展

　　技术对人类制度的影响之深,如同技术应用对这些制度的影响。可以给技术下很多定义。对于环境政策制定者而言,以下定义应该是最合适的:技术是人类为满足其需求而操控环境,或为从环境中获取资源而采取的任意行动。

　　尽管定义关注的是技术和环境之间的关系,但涉及的范围还是很宽泛的。它包括十分简单的技术,如早期人类在新石器时代使用的石头工具,也包括 21 世纪的技术,如通信卫星。除了包括个人工具与机器的开发和使用外,技术还包括更广泛的活动,如农业和运输。定义中"为满足其需要"可能会被认为是多余的,但其存在的必要性体现在以下两个方面:第一,这是真的(甚至是反社会的技术,如大规模杀伤性武器,也是马斯洛需求层次中人类的满足因子);第二,它明确了技术与可持续发展之间的关系,两者都是通过开发环境资本来满足人类需求的。

　　因此,技术是满足人类需求的重要手段,没有它,就不可能实现可持续发展。但是,尽管可持续发展是一个规范性概念,表达了诸如代际和代内平等的价值观,但以上对技术的定义在道德上是中立的。一旦使用了技术,道德和政治问题就会出现。本书中，几乎所有的案例研究都关注技术使用带来的环境问题。

　　表面看来，这似乎是一种矛盾——既是满足人类需求的手段，又是导致环境问题的罪魁祸首。当然，如果对其进行深入研究就会发现，其实并没有看上去那么矛盾。问题不是"技术有助于还是会妨碍可持续发展"，而是"哪些技术可能有助于实现可持续发展，哪些会阻碍其发展"，分析实施不同技术的环境、社会和经济结果可以得出答案。专栏 4.1 和专栏 4.2 中的案例研究已经证明，这种评估涉及一些不确定性。本章接下来会概述这种评估的基本原则。

七、适用技术

　　适用技术（appropriate technology）是舒马赫（Schumacher,1973）在发展中国家的技术需求背景下首次总结的概念，但对发达国家同样适用。三个关键标准（公平性、未来性和重视环境）是评估技术适用性的起点。考虑到间接和直接影响，任何评估都必须是全面的，技术产品和生产过程必须包括在内。

　　对于任何特定的产品，公平性标准可以根据其社会有用性和对生活质量的贡献来定义。用来满足基本需求的技术，如食品、医药和能源，相比于被马克斯-尼夫（Max-Neef）称为"伪满足因素"（pseudo-satisfiers）的技术如名牌服装、跑车和私人飞机等奢侈品牌而言，更易被视作适用技术。给一些特定利益相关者提供利益的产品往往会对其他组织不利。修建新道路意味着交通流量更快：对上班族来说是一种福音，但对于居住在附近的人们来说，他们需要承受噪声、空气污染和受伤的风险。

　　对于过程而言，公平性问题不那么简单，技术控制是关键。例如，发展中国家增加粮食产量不一定会真正满足穷人的需要。规模小、资本要求低、整体投入低的农业生产技术，相较于大规模、资本密集型、依靠能源或农用化学品、高投入和出口商品的技术而言，更有可能维持或增加公平。

　　重视环境这一标准也可以应用于产品和生产流程。适用技术本身在资源和能源使用及其产品方面就是有效的。材料和能源将在可能的情况下从可再生或回收途径中继续投入。生产过程中的废物量和毒性将被最小化。产品的所有组成部分的设计都是为了达到最低的报废影响，因此再利用和材料回收将是处理废弃物的直接方案。

　　对未来的相关影响也包括资源和废物问题，但经济因素也很重要，市场体系有可能因短期赢利能力而忽略长期成本。这意味着对市场的初始资本要求很高，但长期效益很高的技术不会吸引投资基金，塞文河（Severn）的拦河坝(barrage)(见专栏 4.3)就是没有政府支持便不可能推进的一个例子。会有短期收益但为子孙后代增加成本的技术是不适宜的,如基于氯氟烃(chlorofluorocarbon-based)的工艺(见专栏 5.2)。适用技术不会耗尽后代可用的资源基础,无论是耗尽不可再生资源还是过度开采可再生资源,来自技术过程的废物都应该是无毒的,并且处理后不会产生重大的长期环境损害,或者可以在一代人的时间内降解并被吸收。

专栏 4.3

塞文河口(Severn Estuary)的潮汐能

塞文河口有着世界上第二大潮差。包括栅栏、潟湖、珊瑚礁和潮汐栅栏在内的很多设施都是用来捕获这些能量的。2010 年,这些提议得到了慎重考虑。大坝打开闸门,允许上游潮水进入。高潮时,闸门会随着潮汐退却而关闭,以阻挡上游潮水。一旦有足够的水源,上游的水便可以通过涡轮机排出、发电。潟湖的工作方式与此类似,但建筑物不会完全堵塞河口。

当拦河坝两岸的水位差较小时,可以在涨潮时用上游方向的电力将水通过拦河坝(或潟湖)泵送,从而提高能源输出量。当拦河坝两边的水位差很大时,可接近于把这些泵出的水在发电周期晚些时候释放下来产生的能量,因此产出比泵送上游水所用电量更多的电。

目前最大的拦河坝项目卡迪夫—威斯顿(Cardiff-Weston)每年有可能产生高达 17 TWh 的电力,相当于英国目前电力消耗的 5%。

拦河坝的一个显著的环境优势是可以替代会造成污染的消耗化石燃料的发电站,但产出同等的电量。但是,发电的时间并不总是与需求一致,并且在夜间和白天早些时候产生的电力可能无法使用。该项目的碳足迹需要考虑到施工过程中产生的碳以及该方案对塞文河作为碳汇的影响,但可以肯定的是,该方案将整体节省碳的使用。

对当地的直接影响将取决于所采用的方案。由于建设和使用拦河坝会造成河口水流运动模式发生变化,上游和下游的物理系统将受到影响:水动力系统(水流和波浪)、沉降系统和盐度变化系统。这会导致潮间带模式的变化(低潮时暴露的泥滩和高潮时覆盖的滩涂)。河口的生态也将发生变化——河口相互依存的种群,如浮游生物、无脊椎动物、鱼类和鸟类(涉禽和野禽)将改变其分布和绝对数量。这些变化是复杂的,目前人们对此还不太了解。

拦河坝的建造和使用也会对英国西南部以外的地方造成环境影响。在河口栖息的一些鸟类和鱼类会迁徙,因为以上描述的生态环境的变化会导致这些物种的数量减少或增加,同时也会影响其他栖息地的该物种的数量。对四种鸟类(麻鹬、滨鹬、赤脚鹬和麻鸭)而言,这里是国际上重要的栖息地,因此受湿地公约保护。在塞文河发现的鳗鱼从它们产卵的马尾藻海(位于百慕大和波多黎各之间)到此处须历时 3年,一旦成熟,它们就会重新返回繁殖。

拟议的拦河坝结构将包括由钢筋混凝土制成的预制沉箱,两端还会建有堤坝。设计基础和压载沉箱需要额外的岩石和沙子。有些材料可以在当地获得,河口本身的疏浚可以满足对沙的需求。但是,很大一部分水泥和骨料可能来自塞文河以外的地区。

这些连锁环境反应将对该地区的经济产生许多深远影响。拦河坝上游水流动力学的变化将使得该水域的帆船和其他水上运动的娱乐用途大幅增加,也会给河口海岸线和腹地的发展带来压力。它很可能会成为一个旅游景点,产生交通流量和电力(见图 4.3.1)。

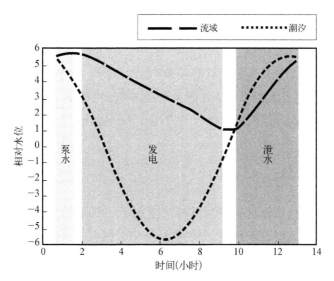

图 4.3.1　一次潮汐拦水坝运行的泵水、发电和泄水周期

资料来源：摘自能源署(1989)。

> **参考文献**
>
> 能源环境变化署（Department of Energy and Climate Change，2008，2009）。
>
> **问题讨论**
>
> ● 拦河坝项目是"适用技术"吗？
> ● 塞文河拦河坝项目的环保主义反对派会如何运用需求管理进行辩论？

符合一项标准的技术可能会违反另一项标准。这三种不同标准之间甚至内部就可能出现这些冲突。诸如拟议的塞文河大坝（见专栏 4.3）等潮汐水坝，可挖掘可再生能源，减少二氧化碳排放，并将成为未来几代人的经济资产。但其短期和长期的环境成本很高。由于使用这种技术产生的二氧化碳排放量非常低，因此核电可能在代际更受认同，从而降低了未来全球变暖的可能性。然而，该技术的"退役"和废物管理要求的长期性却不利于它的普及（见专栏 8.1）。经济利益是由某代人获得的，但是很大一部分经济和环境成本却在几个世纪之后被转移。

背景对评估也很重要。发展中国家的配电基础设施不完善，大型潮汐发电和核能都不一定适合当地社会。虽然它们也许可以满足富裕的城市居民的需求（这些人需要用电，他们拥有电力驱动的冰箱和其他设备），但这与贫困农村的能源需求无关。对舒马赫（1973）称为中间技术（intermediate technologies）如小型水电和高效燃木炉的投资，可能更有利于满足农村居民的能源需求，改善他们的生活质量并减少不平等。

八、生态现代化

生态现代化（哥德森和墨菲，1997）描述了一种向更全面的预防性措施转变的趋势，即进行污染预防，把废物最少化。据说它会给环境和经济带来相关益处。以这种方式变革会推动创新和技术发展，带来微观和宏观经济效益，如提高竞争力和就业收益，且会超出最初希望的效率和环境收益（安德森和马萨，2000）。因此，在政府的支持下，产业政策、经济增长和环境保护可以协同发展。严格的环境法规会促进创新，提高效率，实现清洁的经济增长。工业和政府之间发展的这种关系风格被称为治理（governance）（阿杰和乔丹，2009），此部分内容将在第六章中进行更全面的叙述。

生态现代化进程有三个方面。首先，随着工业经济从 20 世纪的资源密集型工业转向服务业和知识型经济，单位经济产出的资源使用和废物产量将下降。其次，监管和激励措施可以用来鼓励使用污染较少的技术，如加强生产者责任义务（道依茨，2009），或对化石燃料征收税费，使可再生能源技术更具吸引力。最后，通过减少废物和回收再利用，创新和资源节约型工艺将带来经济和环境收益。

这些过程的驱动因素并不是适当性，而是工业和政府的经济利益。对企业来说，经济和环境方面的效率都是有意义的。奢侈的生产过程是昂贵的。它们需要额外的资源投入和过高的垃圾处理成本。以少获多是任何企业都能理解和支持的。政府可以通过成熟的监管以及把从收入和就业中征税转向从资源和废物中征税来促进生态的现代化。这会增加低效率企业的成本基础，并使其在市场上处于劣势。

环境库兹涅茨曲线（Kuznets curve）（见图 4.2）描述了生态现代化的预测效应：随着工业化 GDP 上升，污染在早期阶段会上升，然后出现峰值，最后下降。该曲线确实描述了一些污染轨迹，如氯氟烃（chlorofluorocarbons）（见专栏 5.2）、欧洲的硫排放（见专栏 7.1），但不包含其他污染物。迄今为止，大多数发达国家的二氧化碳排放量尚未大幅下降。如果可以鼓励发展中经济体避免第一世界所犯的错误，（环保发展）将会有明显的优势。通过采取生态现代化，尽可能地跳过资源匮乏和低效的经济增长阶段，可避开最严重的污染高峰期。然而，基础设施至关重要，只有在获得诸如回收系统、公共交通和可靠的信息通信技术（ICT）等设施支持时，发展中经济体才能

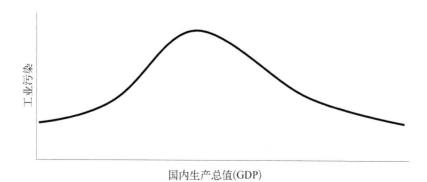

图 4.2　环境库兹涅茨曲线

利用生产和消费等新型技术获得更多财富,从而减少对环境的影响。基础设施需要资本投资,而资本(资金)在发展中经济体中供不应求。

生态现代化理论也受到了批评。麦克拉伦等(Mclaren et al.,1998:256)学者声称,向服务经济的转变实际上并没有削弱发达国家的环境影响。相反,制造业及对环境服务不可持续的使用已经转移到发展中国家,制造业产出的产品被出口到第一世界,以满足那里的消费者的需求。贝克和艾克伯格(Baker & Eckerberg,2008)认为,该理论将可持续发展的广泛关注范围缩小为一个简单的生态效率问题,它不仅没有质疑发达国家的高消费模式,而且还忽略了社会公平问题。

九、预防性环境管理

生态现代化需要从一开始就将资源效率最大化、废物最小化和污染预防考虑到工业过程中,而不是仅仅在污染和废物造成环境问题时才将其纳入考虑。减排(abatement)或终端管道(end-of-pipe)方法一直是传统的污染控制手段(见图4.3)。当确定存在实际或潜在的排放问题时,控制设备会被安装到生产过程的终端,以便在排放废水之前去除或处理废水。虽然这减少了问题,但管道终端解决方案存在固有的缺点(杰克逊,1996):

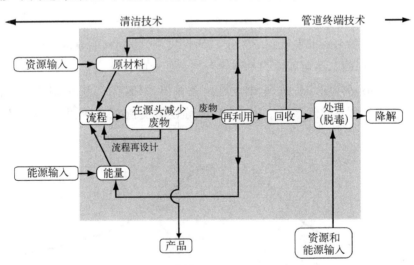

图4.3 制造业流程中的预防法和终端管道法

● 管道终端技术会产生连锁效应(knock-on effects),需要输入资源才会产生废物;

- 管道终端技术需要依靠能源才能运行，但会降低整个过程的整体能效；
- 管道终端技术的安装和操作会产生工业过程的额外经济成本。

预防性措施可以通过提高资源利用率、降低重新设计过程中使用的化学品的毒性，或通过重复使用或回收材料和能源来最大限度地减少浪费。预防性环境管理的关键概念是，在使用环境服务时，技术应尽可能高效。评估这种效率的技术是生命周期评估（Life-circle Assessment，LCA）。这是一种可应用于产品或流程的方法，可以量化和对比环境影响。LCA 分两个阶段。第一个阶段是库存分析（inventory analysis）。从提取进入工艺流程的原材料开始，到最终处理产生的所有废物为止，列出全周期的投入和产出。第二个阶段是影响评估（impact assessment）。每个库存项目的环境影响（如全球变暖、臭氧消耗和水质）被分类，而后被量化。然后计算出每个类别每单位产生的寿命影响总和。

当设计流程或产品时，LCA 可用于最大限度地减少对环境的影响。最佳实践环境选择（Best Practicable Environmental Option，BPEO）和废物管理层次结构（见图 4.4）的概念可与 LCA 结合使用。BPEO 在很大程度上是一个常识性原则，可以用来从一系列选项中识别经济和环境成本：

　　其目的是找到可用的处置方法的最佳组合，以便在合理和可接受的工业和公共支出总成本的最大限度内限制对环境的损害。

（皇家环境污染委员会，1985）

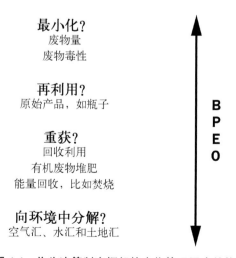

图 4.4　作为决策制定框架的废物管理层次结构

废物管理层次结构是一个决策框架。在层次结构的底部是处置选项，将产品及其组件材料丢弃回环境。在所有其他条件相同的情况下，这在使用环境服务方面可能是最昂贵的选择。制造产品的资源将会从经济中快速地流失，并且可能被从环境中提取的初级资源所取代。无论需要多长时间，环境汇集将承担废物带来的负担。

进行回收，意味着从构成废物产品的材料中提取经济价值。回收或将有机废物进行堆肥处理，从中获取原料生产有价值的东西（如纸张和塑料等材料），或焚化以产生有用的能量。从表面上看，这种方法减少了废物对环境的影响，通过使用再加工材料或化石燃料的排放来产生能量，可将对初级资源开采的需求降至最低。由于资源保留在了经济（循环）中而没有被丢弃，所以材料回收对环境汇集的压力有所缓解。但是，回收利用、堆肥和垃圾焚烧技术会带来环境连锁反应，且它们会自行抵消，并在某些情况下超出回收所带来的好处。

例如，虽然大多数分析家认为从环保的角度来看回收铝制饮料容器是非常理想的，但纸张回收问题则非如此。与收集、分类、运输和再加工用过的饮料罐所需的能量相比，从铝土矿石中精炼出铝需要非常多的能量。对于造纸业来说，加工初级和次级纸浆的能耗和用水量的差异要小得多。如果将再处理之前远距离运输废纸的能量纳入考虑，那么运输过程中的燃料使用量和废气排放量之和可能超过整个过程的所有环境效益。

产品本身的再利用可以避免回收技术存在的弊端，延长产品的使用寿命、提高使用的稳健性和直接维修率从理论上来说很简单，但延长产品的使用寿命与第二章中讨论的消费主义（consumerism）和一次性社会（throw-away society）的争论相悖。在全球化经济背景下，产品从产地运输到数千英里外的地方使用。由于运输会造成污染，如果没有当地的装瓶厂和小型分销网络，即使是非常简单的产品，如可回收玻璃饮料容器，其再利用也毫无环保意义。如果当代设计更高效或具有更好的污染控制特性，那么重复使用消耗能源与资源的旧型消费品和工业设备并不总是很好的选择。

最小化是层次结构的最高层次，首先通过不产生废物来避免所有较低阶段的问题。在制造过程中，资源和能源效率的提高是最小化的一个例子。另一个是所谓的包装轻量化（light-weighting），其目的是使用与产品有效标签和保护一致的最小质量的材料。

这个等级体系有时因过于僵硬和规范而受到批评，这是对其基础的误解。它是决策框架，而不是在所有情况下都要遵循的一套方案。在某些情况下,选择较低级别的选项可以在环境和经济上带来更好的结果。一个恰当但有争议的例子是核废燃料的回收(再处理),这一过程被环保组织认为代价巨大,且具有污染性(绿色和平组织,2010)。对于所有材料来说,如果综合经济、环境和社会成本可以因此降到最低,那么回收、再利用和最小化才有意义。

发达国家经济体资源效率的大幅提高在技术上是可行的。1994 年,冯·魏茨萨克(von Weizsacker)等人提出的资源生产率"四因素"(Factor Four)增加是可行的。2009 年,这一设想已经上升到"五因素"(Factor Five)(冯·魏茨萨克等,2009),这意味着在相同的产出水平下,水、能源和其他资源的投入可以减少 80％。

这种增长将取决于生产者、消费者和产品之间关系的调整。这种关系的传统概念是,生产者制造产品,出售给消费者,然后在其使用寿命结束时处置该产品。但在很多情况下,客户需要的是产品提供的服务,而不是产品本身。

消费者并不需要电力、燃气或汽油等物质本身,而是需要这些物质带来的光、热和动力。关注产品为消费者提供的服务,而不是产品本身,可以产生更具创造性的方法,以最少的浪费获得最大的资源生产力。当生产商从销售产品转向提供服务时,他们将有动机使整个产品生命周期的经济和环境成本降到最低。通过使用需求管理,生产商可以与产品的消费者合作,以最大限度地提高资源利用率并减少浪费。

提供电力的部门将尝试通过每年生产和销售更多电力来增加其利润。一家出售能源服务(光和热)的公司有可能以尽可能少的消耗来提供这些服务。除向用户提供电力和燃气等燃料外,它们还会向建筑工厂提供节能电器(如灯泡、锅炉)和隔热材料。虽然每单位的能源价格会上涨,但是因为整体账单会下降(因为提供相同水平的服务所需的消耗减少了),消费者还是获益的。

这种方法已经成功地用在了水资源领域。通常为客户安装水表会被视作一种退步,如果穷人无法负担费用,那么他们就不能用水。然而在洛杉矶,有运营商在更新贫穷地区的淋浴喷头和卫生间设施及电灯泡时为他们安装了水表,结果,每户家庭平均节省了 30～120 美元的电费(霍肯等,1999)。

转换服务方法不仅仅是公共事业的一种选择。美国地毯公司"Interface"就采用了这种方法(安德森,2009)。在客户想要使用地毯而非购买的时候,该公司便出租而不出售地毯。一旦磨损,地毯将被退回公司进行更换,然后公司将它们切碎返回到生产线。该公司自 1995 年采取这种可持续的方法以来,销售额和利润都有所增加(分别为 67% 和 100%),而温室气体排放量则下降了 82%、用水量减少 75%。该项目被称为"零任务"(Mission Zero),因为其目标是,到 2020 年,完全消除该公司的生态足迹。

然而,将"顾客需要服务"方法扩展到运输方面就有了一些限制。有人可能认为,人们需要的不是流动性,如火车、船只和飞机所提供的服务,而是可以购物、上班、医疗保健、教育和休闲的机会。因此,一个健全的公共交通系统可以完美地取代基于汽车、拥堵和污染的私人交通系统。电信业务提供的机会与那些需要旅行和面对面接触的机会一样多。但是,即使互联网购物、医疗保健等的质量与商店和卫生中心提供的服务质量一样好,在许多情况下,"移动"本身就是人们所渴望的。由于人们更喜欢使用私人汽车而不是公共交通,故而消费者的期望会影响环境决策者。

反弹效应(rebound effect)是另一个问题。一旦消费者的水电费下降,他们会发现取暖更便宜,因此会选择将更多的房间加热到更高的温度,以享受更多的温暖,这样节能效果就不理想了。他们可能会选择将其节省的钱花在其他商品上,如旅行或购买小工具,此时,其碳足迹与他们节省的家用能源一样高甚至更高(格列宁等,2000)。

十、结论

政策制定者在定义环境问题和寻求解决方案时需要科学信息。然而,科学方法的性质意味着此类信息的含义在政策决策过程中因人而异。当科学信息不全或不确定时,无悔策略和预防性原则可以为决策提供框架。

然而,在政策决策过程中,科学知识的地位有着更深层次的问题。科学的"客观"知识优于其他知识,且更易受到哲学和政治学的挑战。尤其是在专业知识被用来排除非专家参与政策制定的情况下,"专家"在政策制定过程中的作用是有问题的。

技术在可持续满足人类需求的战略中发挥着重要作用。然而,鉴于技术可能会对环境和社会福利造成损害,技术的"适用性"是一个根本性的问题。预防性环境管理技术优于管道终端法。如果能实现必要的基础设施变革,那么,建立在预防性方法之上的生态现代化可提出一个发展路线,以同时实现经济和环境发展。

-------------------------------- 拓 展 阅 读 --------------------------------

在波利特（Porritt，2000）的著作中可以发现环境主义者对科学和科学方法的批判，在贝斯特和凯尔纳（Best & Kellner，2001）的论文中可以看到对它的哲学批判。索卡尔（Sokal，2008）对反后现代主义进行了反击。贾格尔回顾了科学与可持续发展之间的相互作用，认为可持续发展面临的挑战将需要"更多面向问题的研究，参与式方法和利益相关者的参与"（Jager，2009：155）。休姆（Hulme，2009）是气候科学家，对科学与社会的关系有着深刻的见解，认为气候辩论是人类反思更广泛的社会目标的机会。哈里莫斯等（Harremoes et al.，2002）学者通过案例研究在环境政策中应用预防原则。

舒马赫（1973）的著作仍然是适用技术的经典文本。杜斯威特（Douthwaite，2002）考虑如何最好地管理技术发展以满足21世纪人类的需求，墨菲（Murphy，2007）则考虑了可持续技术与治理之间的关系。冯·魏茨萨克等（von Weizsacker et al.，2009）学者解释了"五因素"和需求管理。摩尔和斯帕格蕾（Mol & Spaargaren，2009）的文章中有关于生态现代化的介绍。

-------------------------------- 网　　　址 --------------------------------

忧思科学家联盟：http：//www.ucsusa.org/scientific_integrity/。
落基山研究所：http：//www.rmi.org/。
替代技术中心：http：//www.cat.org.uk/。
实际行动：http：//practicalaction.org/。

第五章　组织中的环境政策制定

本章将：
- 确定影响企业环境政策发展的驱动因素；
- 介绍环境管理系统和其他公司对这些因素的反应；
- 考量企业环境管理与可持续发展之间的关系。

一、背景：公司企业政策

有限责任企业鼓励冒险和创业精神，并以此支撑资本主义体系。通过创设上市有限公司(在英国称之为 company，在美国称之为 corporation)，可以获取投资人的资金。尽管这些投资人知道，他们投资的资金面临风险，但是对于超出投资范围的债务，他们并不会承担责任。公司的董事和员工只要依法、诚信运作，也会受到类似的保护。如果公司破产，一旦变卖掉所有资产，公司债务就会落在债权人身上。社会给予了公司"有限责任"这一特权，并从公司创造出的财富中得到回报。

公司股东通常期望得到分红或股价上涨，从而获利。因此，公司的主要职能是通过交易获得最大的利润，为股东创造价值。这为公司行为提供了强烈的动机，使得公司不顾社会和环境责任，只顾赚钱。然而，企业总要遵守法律和承担社会责任，要么成为引领变革的先锋，要么被动接受变革。18世纪和19世纪的欧洲工业革命期间，企业对待生产方式的态度是有明显不同的。在废除奴隶制和童工等社会问题上，一些人迅速察觉出即将到来的社会变革，他们带领公司进行变革，如英国伯明翰的吉百利家族巧克力制造企业。然而，其他公司利用自己的政治和经济力量，与这些趋势做斗争，推迟他们不得不遵守新法的日子，因为他们认为新法会削减其收益。

到了20世纪，虽然有些问题仍旧存在，但商业行为也在继续改进。在长达几十年的时间里,工会的影响力日渐上升,工作场所的健康安全条例得到了改善。20 世纪 80 年代,质量管理成为商业竞争的一个重要组成部分,因为消费者的要求越来越高,对商品越来越挑剔。在商业发展的过程中,随着环境问题等社会新问题的出现,企业的支持和反对态度也越来越明显。专栏 5.1 和专栏 5.2 显示了 20 世纪后期两种截然不同的反应与结果。

专栏 5.1

石棉(asbestos):特纳和纽沃尔(Turner & Newall)公司的案例

石棉曾被认为是许多应用场景的理想材料,如可用作建筑的隔热和防火。然而,其飘落在空气中的纤维会严重危害人体健康,而与此相关的疾病的症状可能要过 30 多年才会显现出来。石棉会导致:

- 石棉沉滞症(asbestosis)(一种肺部绝症);
- 肺癌;
- 间皮瘤(mesothelioma)(腹部或肺部的恶性肿瘤)。

到 20 世纪末,英国每年估计有 3 000 人死于与石棉相关的疾病。20 世纪 40 年代出生的男性,其间皮瘤的死亡率预计将达到 1%。

英国特纳兄弟(Turner Brothers)公司,即后来的特纳和纽沃尔(Turner & Newall,T&N)公司,在 1880 年前后率先进行石棉材料的大规模生产,利润一直都很可观,公司发展得很快。所以在第二次世界大战前,T&N 公司在加拿大、印度和几个非洲殖民地开展了相应业务。

尽管工厂车间的首席检察员在 1898 年就表达了对英国石棉工厂工人健康的担忧,但直到 1931 年才有相关法律出台,以迫使 T&N 公司和其他石棉制造商采取措施来控制工作场所的粉尘,这也是对政府委托报告的回应。该报告发现,在石棉工厂工作超过 20 年的工人中,有 80% 的人患有石棉沉滞症。报告还监测了在重污染地区工作的人员的健康状况,并提出了一项计划,以补偿那些因受害严重而无法再工作的工人。在他们去世之后,相关部门会对他们亲属的生活负责到底。

虽然生产时停用了最危险的做法,并采取了通风等较为安全的做法,但这些变化并没有让石棉工厂成为一个安全的地方。工厂没有完全正确地执行规章制度,且执行力度很弱,更多时候还是无效的。当事人提出索赔要求时,公司通常是拒绝承担责任的。公司的医疗代表和法律代表经常出现在法庭,他们极尽所能地说服验尸官和陪审团相信工人的死亡并非由石棉沉滞症导致。

1955年,一项基于T&N公司的115名工人尸检报告的流行病学研究证实了石棉暴露与肺癌之间的关系。该公司试图压制该研究报告的发布,但未能成功。随后,T&N公司与其他石棉生产商合作,建立了石棉沉滞症研究委员会(Asbestosis Research Council,ARC),并在该组织的成立中发挥了主导作用。该公司希望借此控制研究进程,并对该委员会研究成果的发表享有否决权。

然而,有关石棉危害性的证据仍在不断积累。1965年,一项对伦敦间皮瘤(mesothelioma)患者职业和住宅历史的独立研究发现,在石棉工业的商店和办公室工作的人员也是受害者,因为他们曾经和石棉工人共住一处,甚至居住在石棉工业区半英里范围内;后来,研究发现,这也成为一个重要的危险因素。

此时,T&N公司准备将产品多样化,推出替代品,来应对石棉禁令。然而,随着员工文化水平的提高,以及工会组织的资助、法律援助的支持,责任索赔开始加速。虽然责任由保险公司承担,但是一旦达到保险上限,T&N公司就必须自己承担理赔责任。

最关键的诉讼当事人是大通曼哈顿银行(Chase Manhattan Bank),该银行起诉了T&N公司,并向其索赔1.85亿美元,将石棉(业务)从华尔街总部剥离。尽管最终的判决结果对T&N公司有利,但这导致了公众要求对该公司大量档案进行公开审查和更大面积的索赔。

1997年,该公司的利润被不断增长的索赔所"吞噬"。当时,总部位于美国的辉门公司(Federal Mogul)在一次收购行动中接管了该公司,但还是负债累累。2001年10月,辉门公司被迫根据联邦《破产法》第11章申请破产保护。当时,该公司在编写英格兰和威尔士的索赔程序时很艰难,因为很难确定长期潜伏的慢性病和暴露于毒素之间的法律责任。有人提议建立一种政府担保的赔偿机制,并由保险公司提供资助(杜根,2010)。

参考文献

杰里米(Jeremy,1995);纽豪斯和汤普森(Newhouse & Thompson,1965);威代尔(Tweedale,2000)。

问题讨论

● 分析以上案例中提到的股东。截至 1960 年,哪些股东将在短期内从公司战略中获益?哪些会在长期内从中受益?

● 根据以上案例,可以得出社会、环境和经济可持续发展之间的关系是什么?

专栏5.2

杜邦(Du Pont)公司逐步淘汰氯氟烃

氯氟烃(chlorofluorocarbons,CFCs)是由杜邦公司在 20 世纪 30 年代首次开发的,这种化学物质性质稳定、毒性低、不易燃。在冰箱和空调的制冷系统中,氯氟烃作为传热剂的效果很好。它也可以用作泡沫制作中的气溶胶推进剂,在电子工业中,也可作溶剂使用。

虽然杜邦公司的氯氟烃专利在 20 世纪 50 年代就已经失效,但它仍是世界上最大的氯氟烃化学品制造商。20 世纪 80 年代中期,杜邦公司生产的此类产品占全球需求的 20% 以上,这一生产活动带来的利润占到公司总利润额的 2%。然而,1988 年 3 月,该公司决定放弃以往对制造业产能的投资,并逐步退出这些化学品的生产。本案例分析了杜邦公司做出这个决定的多方面原因。

20 世纪 70 年代,两位美国科学家罗兰和莫利纳(Rowland & Molina)首次提出了对氯氟烃在环境安全方面的担忧。他们提出,高层大气中(平流层,stratosphere)的氯氟烃可能会发生化学分解,从而产生游离的氯原子。这些过程可能会催化连锁反应,导致臭氧(O_3)转化为氧分子(O_2)。每一个自由的氯原子都会产生成千上万的反应(见图 5.2.1)。平流层的臭氧在减少太阳射向地球表面的大部分短波辐射(如 UVB 射线)中起着至关重要的作用。众所周知,UVB 会对人体健康造成不良影响(如皮肤癌和白内障),也会对陆地和海洋生态系统造成破坏。

因此,氯氟烃可能会对平流层造成破坏的理论非常令人担忧,但几乎没有证据来支持它。平流层的臭氧水平受自然变化影响较大且难以

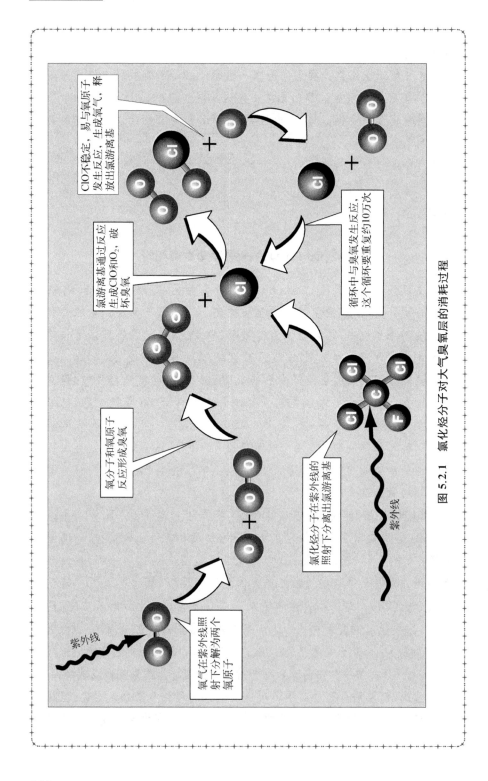

图 5.2.1　氯化烃分子对大气臭氧层的消耗过程

CIO不稳定，易与氧原子发生反应，生成氧气，释放出氯游离基

氯游离基通过反应生成CIO和IO₂，破坏臭氧

循环中与臭氧发生反应，这个循环要重复约10万次

氧分子和氧原子反应形成臭氧

氯化烃分子在紫外线的照射下分离出氯游离基

紫外线

氧气在紫外线照射下分解为两个氧原子

紫外线

测量,需要大量的研究来证实或否定这个假设。杜邦公司为此做出了巨大贡献,它组建了一个氯氟烃制造商专业小组,共同资助一个大气科学研究项目。此外,该公司还把研究资金分配到其他项目中,以寻找氯氟烃的潜在替代品。

在这一阶段,该公司抵制生产氯氟烃的禁令,声称在缺乏科学证据的情况下禁止工业生产和消费者使用氯氟烃是不合理的。不过,早在1974年,该公司就承诺:一旦这些假设得到证实,就会立刻停止生产氯氟烃。20世纪80年代中期,消费者压力迫使美国、加拿大、挪威和瑞士立法禁止在气雾剂(aerosol)中使用氯氟烃,但是该物质的其他用途并未受到影响,且其市场需求还在进一步扩大,欧洲大部分地区和发展中国家的气雾剂市场也是一样。到了20世纪80年代后期,全球生产的氯氟烃水平重新达到了15年前的峰值水平。

当时已经研发出了大气模型,用来预测氯氟烃对臭氧层的影响。结果令人欣慰,如果氯氟烃的使用速度不太快,那么对臭氧层的破坏预计将会很小。美国国家航空航天局(NASA)对平流层臭氧的卫星监测没有显示出任何恶化的迹象。

1985年,当英国一个研究小组发表研究报告称南极上空的平流层臭氧比往年要薄40%时,对人们而言,是一个相当大的意外。NASA重新计算了它们的记录数据,发现尽管收集的数据相似,但这些数据被计算机自动错误检测软件拒绝了,而且一错就是10年。事实证明,大气模型进行的预测过于乐观。

杜邦公司对此研究的反应是,发表声明宣布逐步淘汰氯氟烃的生产,它是第一家这样做的公司。为什么要这样做呢?因为目前的科学研究表明,臭氧层空洞是由氯氟烃造成的。如果公司不采取行动,就会成为众矢之的,特别是考虑到1974年该公司所做的承诺。此外,1988年,蒙特利尔议定书(Montreal Protocol)中禁止全球生产氯氟烃的谈判进展顺利。在某种程度上,该公司早已预料到这种情况不可避免。

事实上,杜邦公司加入呼吁禁令的利益团体联盟并保持领先地位,具有战略上的优势。开发氯氟烃的替代品并开拓建筑市场将是资本密集型的,但这是杜邦公司选择的道路。如果杜邦公司首先找到替代品,并占领市场,那么它就会从这些专利中获利。然而,除非氯氟烃在全世界范围内被禁止使用,否则这些替代品的市场地位将会很难建立。因为消费者将继续选择更便宜的氯氟烃。因此,该公司"积极的环境政策"和"游说活动"有两个优势:在对自己负责的同时,获得未来的竞争优势。

参考文献

莱因哈特(Reinhardt,1992);联合国环境规划署(United Nations Environment Programme,2009)。

网址

联合国环境规划署臭氧秘书处:http://ozone.unep.org/。

问题讨论

● 美国禁止在气雾剂中使用氯氟烃,是基于无悔政策还是预防原则(见第四章)?

● 如果杜邦公司在美国出台气雾剂禁令的时候单方面停止生产氯氟烃,会有什么后果?

随着环境问题的日益突出,立法和监管变得更加严格。根据波利特(Porritt,1997)的说法,这一过程可以分为三个阶段。第一个阶段是20世纪60年代和70年代,商界完全否认存在任何重大问题,这导致了环保团体与企业和政府之间的对抗。第二个阶段,政府为了应对环保运动和消费者带来的压力,不得不开始加强对企业的监管。第三个阶段,从20世纪90年代开始,一些企业为了实现自身的可持续发展,主动配合环境监管和立法过程,做一些法律没有要求企业做的有益之事,而这也是生态现代化进程中的一部分(生态现代化将在最后一章介绍)。

如果基于无悔策略的预防性环境管理可以提供短期、中期甚至长期的经济效益,那么企业采取这些方法的动机就显而易见了。不过,企业这么做还有其他原因。有五类利益相关者可能推动公司环境管理的改善(豪斯等,1997;纳尔逊等,2001)。这五类利益相关者包括:

● 政府,可以通过立法和法规来改变;

● 顾客;

● 当地社区(communities)和非政府组织(Non-governmental Organizations,NGOs);

- 投资者；
- 员工。

然而,可持续发展不仅仅要求企业减少对环境的影响。基于"三重底线"(triple bottom line, TBL)的企业社会责任(Corporate Social Responsibility, CSR)方法可以让企业参与到可持续发展的一系列行动中来:

> "三重底线"(TBL)使企业不仅关注它们带来的经济价值、环境价值和社会价值,还让它们关注自己因这些价值而带来的破坏。从狭义上来讲,"三重底线"是被用作衡量和报告企业对经济、社会和环境所做贡献的一个框架。从广泛的意义上来说,"三重底线"还用来概括企业必须解决的一系列问题、流程,以尽量减少企业活动带来的危害,并创造经济、社会和环境价值。
>
> (尼尔森,2006:1)

(一) 政府

负责任的企业会一直遵守法律,如果未能做到,可能会给企业的资产带来灾难性的后果。即使是轻微的违规行为,超出成本的罚款也会使利润有所损失。由于严格的立法责任,如果一家企业可以补偿所造成的环境破坏,那它也应该有能力承担保险带来的赔偿成本。但是,未来的保险费会非常高。对于那些制定了合理的环境规定以减少事故和诉讼风险的公司来说,保险费可能会降低。

然而,在过去30年里,环境立法快速发展,意味着即将到来的立法可能会与现行的法律法规一样,成为重要推动力。这些预测会使投资产业提前满足新标准。企业可能会游说政策制定者,以减轻拟议中的立法对其行业的影响。或者,就像专栏5.2中的公司一样,既然早晚都要制定更为严格的环境标准,何不及早游说? 还可以为投资创造一个公平竞争的环境,不受搭便车风险的影响。政府和企业之间的相互作用是"治理"的另一个例子,这一点在第四章中已经引入,将在第六章中进行更深入的探讨。

(二) 顾客

企业把产品和服务卖给个人,或其他企业和组织。20世纪80年代见证了可持续消费(sustainable consumption)的兴起(第三章),可持续消费也被称为"绿色消费主义"（green consumerism）（埃尔金顿和海勒思，1988）。新的细分市场前景使得大量针对"绿色消费主义"消费者的产品的出现，这些消费者希望通过购买绿色产品来减少对环境的影响。尽管有些产品未必对环境无害，但这种行为带来了一种持续的影响，有相当大一部分消费者意识到与某些产品相关的环境和社会问题，如洗涤剂、咖啡和纸制品。

最近，消费者的注意力从特定产品的利弊转向了企业和它们所拥有的品牌的声誉。无论是来自环境方面还是社会方面的丑闻和争议，都有可能损害产品的品牌和销量。麦当劳这一跨国公司一直饱受指责，有人称其食物配料会破坏环境，其劳动行为不公平，产品也会导致肥胖（雀巢，2007）。即使这样的指控在法庭上可以成功得到辩护，但还是损害了企业的品牌形象。另一个例子是对雀巢公司的长期抵制，因为它们反对在发展中国家销售母乳替代品（婴儿牛奶行动，2010）。

在企业对企业的交易中，企业客户甚至比终端消费者要求更多。很长一段时间内，大型企业、政府部门和地方部门都要求将环境绩效作为采购政策的一部分。这么做，一方面可能仅仅是为了检查供应商品是否满足某些环境标准；另一方面，可能是要求所有供应商都采用经过认证的环境标准或社会责任管理系统（见下文），因为它们的建议也许会帮助实现（可持续发展）这一目标。

这一趋势对有些行业产生了巨大影响，如为福特和宝马等跨国公司供应汽车零部件的中小型企业。大公司往往是环保政策的先锋，因为它们有资源去进行研究，而这也可以增加品牌价值、避免负面宣传的风险，还可以通过积极负责的态度来提升品牌形象。对于中小企业而言，尽管这是法律规定的，除非来自企业和客户的压力迫使它们不得不采取行动，否则它们一般不会采取什么措施。

（三）当地社区和非政府组织

企业的运营会对附近的社区带来麻烦或潜在的危险，此时，企业也许会发现采用三重底线法（包括经济、社会和环境绩效的年度报告）有利于解决这些问题。保持透明度和与外部团体沟通有助于建立信任，预防负面宣传。这也适用于非本地问题，包括发展中国家的公司活动，如使用童工和支付贫困工人工资的问题。由于1995年的海上布兰特史帕尔（Brent Spar）石油平台计划失败，壳牌（Shell）公司招来诸多批评，于是该公司采用了三重底线法，利用环保组织和非政府组织来促进公司同批评者的对话（墨菲和本德尔，2001）。

(四) 投资者

大多数小股东都乐于让经济问题来指导他们的投资决策,活跃分子往往会在壳牌和麦当劳等有争议的公司购买少量股份,以便参加年会和抗议。机构投资者,如风险投资公司和养老基金的投资者,已经开始采用更多干预方法,如果他们认为这些问题被企业忽视了,就会要求修改(尼尔森等,2001)。事实上,英国的养老基金需要每年使用三重底线法报告其投资状况。由于不良的社会和环境表现会损害其利润,投资者不仅对那些在此类问题上表现不佳的企业保持警惕,而且对那些在未来有可能表现不佳但也未采取环境保护措施的企业保持警惕。

在英国,社会责任投资(Socially Responsible Investment,SRI)基金越来越多,这些基金的投资对象只选择符合环境和社会标准的公司(米勒,2001)。只有符合这些标准的公司,才有资格获得这些投资。这类基金的筛选标准甚至比其他类型的基金更严格。一个极端的情况是所谓的"消极筛选员"(negative screeners),这些基金只想避免最有争议的投资领域(如军备、烟草等)。处于中间的被称为"积极筛选员"(positive screeners),只寻求为环境和社会做出贡献的公司作为投资对象。最积极的基金更甚,它们会鼓励和协助公司在环境和社会绩效方面做出改善。

(五) 员工

企业越来越认识到环境和社会问题对员工积极性和动机的重要性。在招聘员工时,品牌形象很重要。求职者会避开那些在社会或环境方面有不良记录的公司。现有员工能够比客户、投资者或者其他外部利益相关者更容易判断公司对环境和社会的诚意。员工会因为糟糕的绩效而气馁,但当绩效改善,尤其是他们亲身参与如与环境管理或社会志愿活动主题相关的员工发展项目时,他们会倍感激励。

二、企业环境政策

在过去30年里,来自各方的压力使得企业层面的环境政策得以快速形成和实施。首先是环境审计(它是衡量组织影响力的工具)的出现。紧接着是环境管理系统的发展,它可以检测、控制并降低环境影响;它不仅可以限制企业组织的行为,还会对供应商和产品用户形成限制。这一进程的下一阶段就是研发出可持续发展管理系统。

(一) 环境审计

每家公司每年都要进行一次财务审计,即对当年公司账目资金流入和流出进行持续跟踪,最后制作出损益账户。一位独立审计师会系统地处理事务,如果发现任何问题,便会告知董事会和股东,引起他们的注意。除了检测舞弊外,审计师还将审查公司内部金融系统是否存在问题,或者是否存在违反财务管理条例的现象。

环境审计采用的方法与财务审计基本相同。审计可以作为内部管理的一种活动,但如果由独立的审计员进行,则会更有公信力。审计的范围需要明确界定,包括:

● 企业活动的直接影响,无论是作为一个整体还是产生的一个或多个问题;能源、水资源和其他资源的使用;排放和废弃物的产生;噪声和其他干扰,如重型运输;

● 企业供应商所产生的影响,对于一些企业来说,零售商供应链的影响可能比核心业务的运作更为重要;

● 一个或多个产品在使用和生命周期结束时所产生的影响[可以采用生命周期评估法(LCA)来评估产品在整个生命周期所产生的影响];

● 该企业对相关立法的遵守程度;

● 环境管理制度的稳健性,包括对先前所采用的所有环境政策和指标的遵循程度;

● 整个公司或一个运营场所。

(二) 发展企业环境政策

审计必须包含明确、合适的行动建议。这些建议一般通过环境政策的制定和环境管理制度的执行得以实施。20世纪80年代开发的质量管理系统如ISO 9000系列为20世纪90年代出现的环境管理体系提供了程序化基础。

由于环境管理系统(environmental management system,EMS)的存在是为了实施环境政策,因此制定和审查这些政策是所有EMS的核心(见图5.1)。本书引言对环境政策的定义是:它是用来指导人类对环境资本和环境服务进行决策制定的一系列准则和意向。

企业层面的环境政策应该包含以下方面:

● 明确原则依据;

● 承诺确立并遵守所有相关的立法要求；

● 通过记录、交谈和培训等途径，说明利益相关者（如员工、顾客、供应商、监管者、社区）获取信息的方式；

● 根据环境标准，从企业的供应商、下游企业以及销售商的角度说明企业愿景；

● 对具体问题做出承诺，如资源利用、资源使用效率、废弃物排放、产品生命周期的影响；

● 承诺持续不断地监测公司活动对环境的影响；

● 致力于持续改善环境；

● 承诺定期审查和更新政策（但不规定最低频率）。

环境政策必须由公司的最高管理层制定和认可，并在整个组织中传达其宗旨，这一点至关重要。如果这些基本要求得不到满足，政策成功实施的可能性就不大（见图 5.1）。

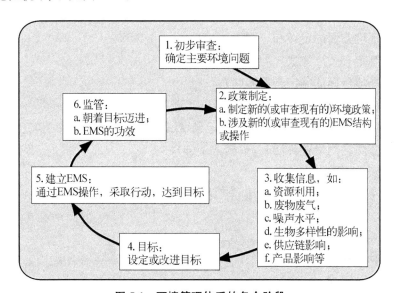

图 5.1　环境管理体系的各个阶段

（三）环境管理系统

任何一个企业的环境政策制定、确立和改进目标、通过连续的审计监测这些目标进展情况的系统，都是环境管理系统。如果这纯粹是一个内部系统，那么就无法说服外部利益相关者相信公司改善环境的承诺。经过认证的环境管理系统可以满足企业对获得外部承认和独立验证的需求。这些系统包括国际标准组织(International Standards Organization, ISO)的 ISO 14000 系列标准与欧洲生态管理和审计计划(European Eco-Management and Audit System, EMAS)。

1. ISO 14000 系列标准

ISO 14000 标准:环境管理体系要求,对世界各地的公司都适用。该系列标准是于 20 世纪 90 年代在英国发展起来的,取代了之前的英国标准 BS7750。ISO 14001 是该系列的一部分,包括环境审计、场地环境评估、环境绩效评估、环保标志、生命周期分析、术语和定义、环境沟通。在英国,有一个中间标准——BS8555,作为分阶段实施环境管理体系的指南,它使用环境绩效评价,为发展 EMS 提供了阶段性方法,还可作为实现 ISO 14001 的途径。

为实现 ISO 14001,企业组织必须建立环境管理系统。这一过程包括以下几个阶段(已尽量与图 5.1 中的编号相对应):

- 定义和记录 EMS 的范围;
- 环境政策的制定和宣传,包括对政策持续改进的承诺(2);
- 环境方面的定义和识别(1 和 3);
- 制定有关法律法规的要求(3);
- 环境目标的制定与发展(4);
- 建立 EMS,并对其进行维护,以实现目标(5);
- 实施 EMS,包括培训、沟通、记录、操作控制、应急准备和响应(5);
- 监测和测量业务活动,包括记录(6);
- EMS 审计程序(6);
- 对 EMS 的管理评估,以确定可持续发展的持续性、充分性和有效性(2)。

(谢尔登、约克森,2006)

认证机构是独立的顾问,且须获得英国标准协会(British Standards Institute, BSI)等国际标准组织的承认,表明这些体系符合 ISO 14001。记录是认证过程的关键,该过程需要大量文件。中小企业往往缺乏管理和整合这些记录的能力,这可能是一个重大阻碍。只有在确认系统按预期运行并符合标准的情况下,才可授予系统运行和认证的检查记录。

但是该标准除了遵守相关法律外,没有规定环境绩效的外部目标和基准。ISO 14001 建议认证的组织制定自己的绩效指标和目标,认证机构会核查这些指标和目标是否被达成。目标越保守,就越容易实现,从而保持认证。因此,这不仅没有激励组织做得比法律要求的更好,反而对确立挑战性的目标有内部抑制作用。

还有人使用"环境因素"(environmental aspects)这一术语(指的是能源和资源的投入以及生产系统和产品废物的产出),而不用"环境影响"(environmental impacts)这个词来提出批评意见。"影响"意味着将资源提取和废物生产对环境的实际影响进行量化评估,这是一项复杂的任务,尤其是对中小企业来说。通过正常的业务流程更容易追踪投入和产出,如购买原材料和废物处理的发票。

2. 欧洲生态管理和审计计划(EMAS)

欧洲生态管理和审计计划(European Eco-Management and Audit System,EMAS)于1995年在欧盟内部生效。尽管该标准作为一项规定被写入法律(最新版本是 EEC1221/2009),但是否参与却是自愿的。EMAS 和 ISO 14000 系列是兼容的,因此可以同时获得认证,也可以先获得其中一个的认证,再获得另一个。然而,ISO 14000 系列和 EMAS 之间存在着显著差异。ISO 14001 是"经过认证的",相比于 EMAS,ISO 14001 更依赖于企业的自我评估。而 EMAS 是一个"核实"(verified)过程,需要独立评估者进行更深入的调查。ISO 14001 只要求企业公开部分信息;对于 EMAS 认证,企业必须在公共领域内发布一份经过验证的声明,同时也必须有与当地社区和员工进行对话和接触的证据。

事实证明,环境管理体系在很大程度上是成功的,因为它们已经被大量的组织所采用,尤其是大型跨国公司。但这种方法也招来批评。韦尔福德(2003:62)指出,在经济全球化过程中,大型企业将生产外包给发展中国家已经渐成一种趋势。这种做法会将某些活动从企业自身的环境管理系统中移除,他认为应该"将重点从系统转移到供应链的产品管理上"。

三、管理的可持续性

随着先进的企业从注重环境管理转向注重企业社会责任(Corporate Social Responsibility,CSR),人们对可持续发展的指导意见和标准越来越感兴趣,因为他们将社会问题纳入了现有的财务和环境会计框架。洛扎诺和惠森(Lozano & Huisingh,2010)总结了国际公认的可持续发展报告准则,如与工人权利和童工问题相关的全球报告倡议(Global Reporting Initiative,GRI)和社会责任标准 SA 8000,他们得出结论:GRI 的应用范围最广,也是最被广泛采用的,尽管它的三重底线法可能导致区域化,让采用者无法认识到经济、社会和环境问题与解决方案之间的协同效应。

GRI 是由环境责任经济联盟(Coalition for Environmentally Responsible Economies,CERES)与联合国环境规划署(the United Nations Environment Programme)合作制定的。采用 GRI 方法的企业有机会通过出具一份两部分的报告来解决环境和社会问题。第一部分,描述确定报告内容的原则,如确定相关内容、谁是利益相关者、报告的范围是什么,以及如何评价报告质量,如平衡性、准确性、可靠性。第二部分,企业可以报告其战略、概要文件、管理方法以及所选指标的绩效(全球报告倡议组织,2010)。

英国政府资助建立了西格玛项目(Sigma Project),该项目建立在 GRI 方法之上,为企业提供可持续发展指导。西格玛项目力求与现有的质量和环境管理系统相兼容,采用相同的政策制定和目标设定框架,通过循环的审计周期来改进并持续监测进展(英国标准研究所,2003;欧克利和巴克兰德,2004)。这些阶段为可持续性问题提供了一个管理框架,即英国标准 BS 8900,它可为管理可持续发展提供指导(注意,只提供指导,而非经过认证的管理系统)。

绩效的外部引用问题如同对环境进行管理一样,是可持续管理的基础。遵循 ISO 14001 和 EMAS 的企业会因对持续改善环境的承诺而产生环境绩效的提升。然而,正如第三章所见,环境政策目标中的强可持续性是一个很苛刻的标准。强可持续性要求该组织证明其活动不会耗尽环境资本。若可以换成等价的经济资本,当然是不成问题的,年度财务报告可以提供这方面的证据。但就社会的可持续性而言,出现了同样的问题。GRI 和西格玛项目都对公司提出了要求,要求它们咨询利益相关者并向项目方报告。使用这种系统的公司可能踏上了社会可持续发展的道路,但它们并不知道什么时候才能到达终点,主要是因为还没有明确的终点。

四、自然阶梯

自然阶梯(The Natural Step,TNS)是一个组织,旨在为社会和环境的可持续发展提供一个全面的参考框架。TNS 于 20 世纪 80 年代兴起于瑞典,目前在美国、澳大利亚、英国等国家十分活跃。TNS 基于四个"系统条件"而成立,这对可持续性而言是必要且足够的。这些"系统条件"在表 5.1 中已经列出,而且还按照逻辑顺序依次介绍了相应的可持续性原则。前三个"系统条件"是从科学原理发展而来的,特别是热力学第二定律,它们定义了人类活动的环境限制。第四个"系统条件"将公平涵盖在框架内。如果四个条件都得到满足,那么,环境和社会资本都不会枯竭。

TNS条件的简洁性既是它的优点也是缺点。虽然表面上容易理解,但在任何情况下应用和测量其有效性都是十分困难的,然而几家大公司如瑞典家具制造商宜家(IKEA)、约克郡水务公司(Yorkshire Water)和英国的合作银行(Co-operative Bank)仍旧采用了该方法。

TNS的一个重要特征是"后向估计"(back-casting),如果满足了这四个"系统条件",就可以对某一项业务的特点进行未来预期,接着要做的就是制定策略,实施预期。有些企业由于其业务特点,会发现应用TNS要比其他方法更容易。服务性质的企业,如约克郡水务公司和英国的合作银行,通过开发非PVC塑料制成的信用卡和现金卡减少了内部的能源消耗;采用交通、纸张和IT管理政策,减少了对环境服务的消耗;有些企业还可向其他TNS采纳者提供贷款。一些制造企业和零售企业也发现这一方法相对容易。

表 5.1　自然阶梯的系统条件和可持续性原则

四个"系统条件"	四种可持续性原则
在一个可持续的社会中,资源并不是持续增加的:	建设可持续发展的社会,我们必须:
1. 从地壳提取的物质浓度;	1. 减少从地壳中提取物质的堆积(如重金属、化石燃料);
2. 社会生产的物质浓度;	2. 减少化学物质和化合物的累积(如二噁英、多氯联苯、DDT);
3. 通过物理手段破坏;	3. 消除我们对自然的渐进性物理破坏(如过度砍伐森林,在野生动物栖息地进行工程建设);
4. 事实上,人们并不会因条件限制而降低满足自我需求的能力	4. 消除限制人类满足其最基本生存需求的条件(如不安全的工作环境、低工资)

第四章中提到过,Interface是一家从事地毯生意的美国公司,也是TNS的采用者,该公司发明了一种租赁而不是销售地毯的方法。这样一来,公司就对产品的整个生命周期负起了责任。损坏或磨损小面积的地毯意味着只需更换受影响的部分,而不是整个地毯。通过调查生产过程中可再生和可回收的原材料,并探究出回收废弃地毯的方法,该公司正在为更好地遵守"系统条件"创造机会。

如果一家公司的业务在享用环境服务时很浪费,就很难根据系统条件做出改变。英国航空燃油公司(Air BP)就是这样一个例子,因为它目前的核心业务与这四个系统条件相悖。该公司提取大量化石燃料,燃烧产生的废弃物在大气中慢慢累积,这种累积可能会导致全球变暖和自然系统的连锁反应。这一活动的最终目的是航空旅行,它远比人类的需求更奢侈。公司是这样解释的:

> 我们的目标是通过销售更清洁的燃料,使之具有更高的安全性和可持续性,从而在激烈的市场竞争中处于领先地位。维维恩·考克斯(Vivienne Cox)说:"我尊重深层绿色消费观点,我认识到了消费者观念的转变,更倾向于使用清洁、对自然环境没有损害的能源。"
>
> 基于这种理解,考克斯计划使英国航空燃油公司成为行业的领导者。"对于我们来说,保证燃油质量是我们为客户提供的一项基本服务,我决定让英国航空燃油公司为整个行业制定标准。"他们为什么会认为这是可行的呢?考克斯解释道:"我相信我们可以成为提供这种品质的燃油的领导者,而 TNS 是一种有用且务实的方法,它能在不影响目标的前提下认清商业环境。"同时,"作为科学家,我很赞同前三个系统条件"。该公司将 TNS 视为其可持续发展议程的关键部分,并希望它在帮助公司发展业务、减少环境影响方面发挥重要作用。
>
> (罗森布拉姆,2000)

这种解释展现了 TNS 的弊端:尽管它对企业提出了一系列条件,而且很明显,有些企业对此很有热情,并积极参与其中,但它没有给出满足这些条件的时间规划。追求可持续发展很重要,追求的步伐同样也很关键。虽然企业在可持续发展早期会有更高的效率和利润,但之后的决策可能会更艰难,成本将更加高昂。

五、激烈的批判和若干结论

ISO 14000 系列承诺保持持续性的改进,但它不符合性能指标标准,超出了现实情况和公司的发展速度。EMAS 是外部引用的,但只针对最佳可行技术(BAT),而不是任何环境资本的计量。可持续发展管理系统和标准处于发展的早期阶段,还没有受到外部认证或核查,也没有涉及任何衡量环境或社会资本的标准。TNS 提供了可持续发展的框架,但没有给出具体的时间。所有的这些倡议、计划都是自愿的,而且不太可能被企业采纳,除非它们认为这样做会有竞争优势。

尽管企业在制定和实施环境可持续性政策方面面临着越来越大的压力,而且有证据表明,一些企业正积极参与这些议程,但有思想学派认为应该置之不理,商业部门总是做得太少,太迟了。科尔登(2001)揭示了跨国公司(multinational corporations,MNCs)的权力,它们以不可持续的方式从环境和穷人中获取利益,这种全球发展趋势是不可持续的。科尔登声称,这种权力既是经济上的,也是政治上的,只要跨国公司拥有它,商业环境和社会资本的枯竭就是不可逆转的。只有在国家政府和公民联盟挑战企业权力并夺回企业控制权的情况下,才能实现可持续发展。

以上观点暗示了本章所描述的措施永远无法产生很好的效果。政府需要进行必要的改革,以控制大企业的规模、影响力和贪欲。

第六章将探讨包括环境政策在内的各种政策是如何由各国政府制定并实施的。

拓 展 阅 读

谢尔登和约克森(Sheldon & Yoxon,2006)介绍了"如何"指导环境管理体系。杰克曼(Jackman,2008)研究了 BS 8900 指南。鲁索(Russo,2008)和韦尔福德(Welford,2009)采用更为理论性和关键的研究方法,对企业环境管理挑战案例进行了概述。鲁索基于国际背景的研究尤其出色,涵盖了发展中国家的案例研究。

亨利克斯和理查德森(Henriques & Richardson,2004)对 TBL 方法进行了广泛研究,包含导论和更具批判性的观点,以及实施建议。霍普伍德等(Hopwood et al.,2010)学者正在进行可持续性审计案例研究,该书尚在撰写,还未出版。

网 址

EMAS:http://ec.europa.eu/environment/emas/。
ISO 14001:http://www.iema.net/ems/emas/。
全球报告倡议组织:http://www.globalreporting.org/。
自然阶梯:http://www.thenaturalstep.org/。
SA 8000:http://www.sa-intl.org/。

第六章　政府环境政策制定

本章将：

- 介绍国家政府层面的政策制定环；
- 讨论权力理论和利益团体角色；
- 介绍广博理性决策模型、渐进式决策模型和混合扫描决策模型；
- 讨论具有监管效力的、经济的以及有说服力的政策工具；
- 讨论在政策制定中评估的角色；
- 评述可持续发展政策的前景。

一、政策制定流程

随着焦点转向更大规模的政策制定，政策制定机构及其影响范围的复杂性使得政策制定的相关研究变得复杂，但同时也更加精彩和有意义。在政治体系中，既得利益者在不同程度的影响力和成就下运作，使政策的既定目标常常掩盖其真正目的。只有一个决策点的情况很少，所以也不可能轻易识别一个"政策制定者"。一系列有条理而相互之间不冲突的政策亦是少见的。本章将探讨这些政策制定的复杂性，并介绍一些常用的分析模型。

与企业决策（见第五章）一样，政策制定过程可以抽象为一个环，尽管现实情况不可能像图 6.1 所显示的那样有条理。下面依次介绍并讨论该图的五个主要组成部分（政策环境、政策投入、政府、输出和结果）。请注意，图 6.1 中使用的术语——"资源"和"环境"——与前面章节的含义不同。

二、政策环境

政策环境是政策体系运行的背景。它涵盖了当今政府的政治面貌和盛

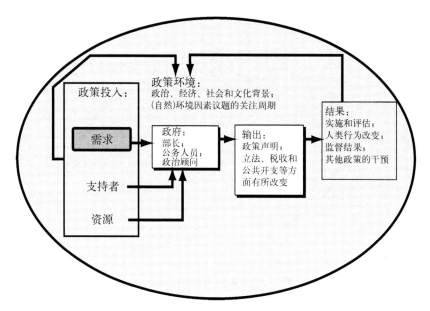

图 6.1　政府层面的政策制定流程

资料来源：摘自伊斯顿（Easton，1965）。

行的公共政治意识形态。当前的经济环境，如同社会和文化因素（如第二章中所提及的流行态度、价值观和理念）一样，对政策环境也有着重要影响。因此，本章中多次提到的"环境"一词意义重大。有关自然环境状况的信息，以及环境问题出现和形成的证据，都构成了政策环境的一部分。如此一来，信息的呈现方式、传达媒介和解读角度（使用的理念）至关重要。

唐斯（Downs，1972）认为，公众和媒体的注意力在包括环境问题在内的大多数问题上都遵循一个可预测的循环（见图 6.2）。开始时（阶段 1），问题虽然存在，但还没有引起人们的足够重视，之后出现在公共领域，进入政治议程。这一"出现"会引发恐慌，所有提议的解决方案都将受到热烈欢迎（阶段 2）。但到后来难免会发现，问题比原先预想的更加棘手：提议的解决方案不是代价巨大，就是难以实施，或是没有效率，甚至三者都有（阶段 3）。尽管那些对问题有特殊兴趣和长期兴趣的人可能仍然像以前一样坚持，但由此产生的僵局会导致公众热情的消退（阶段 4）。最后，这个问题就会陷入相对模糊的状态，不太可能得到高度关注（阶段 5），直到有关其严重程度或恶劣影响的新证据出现，循环才会重新开始。

对于环境问题而言，该模型似乎为政策环境中问题的波动提供了一个解释。有许多例子，如亚马孙的森林砍伐、全球变暖、酸雨等问题，舆论对此

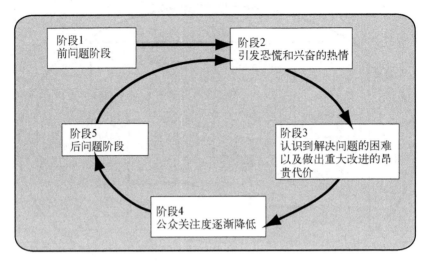

图 6.2　唐斯的问题关注循环

资料来源：唐斯(Downs,1972)。

的反应或多或少都遵循上述规则。奥利德(O'Riordan,2009)认为,尽管该模型在唐斯首次提出的 30 年后仍然行之有效,但如今它更应该着眼于可持续性而非环境本身。

三、政策投入

伊斯顿(Easton,1965)提出,在现代民主制度中,政策是针对三种投入要素组合提供的压力、机会和约束做出的。

1. 需求

需求产生于政策环境。出现的问题会影响各方利益,给政策带来压力,使其不得不做出改变,以解决问题。这种压力可能会很复杂。有些团体希望做出一系列改变,有些则希望做出不同的改变,还有些可能希望保持现状。通过竞争性话语,本部分将向政府政策制定者呈现需求的结构和过程。

2. 支持者

民主政府至少能得到民众的消极支持。诸如纳税、遵守法律和投票等活动是基本支持,否则政策决策的合法性将受到挑战。政治制度会得到支持,而当权者的个人特质和执政党未必会得到支持。一个恰当的例子就是,选举时给即将败选的一方投票,但仍然会接受选举失败的结果。2000 年秋季,英国和法国的卡车司机和农民抗议,反对过高的运输燃料税,他们封闭两国的道路、关闭炼油厂,导致大范围的经济混乱(德雷斯纳等,2006)。这一事件说明,即使仅仅失去一小部分人的支持,也会使得政策很难或不可能继续得到实施。

　　3. 资源

　　对于所有政策来说,最重要的资源往往是落实它所需要的资金,而获取资金的方式会制约政策的制定。不过,其他资源也很重要,如人(可以提供实施政策必需的、具有一定技能的劳动者)、信息(如第四章中讨论的科学信息)和技术(是否能获得适当的技术)。自然资源和其他环境服务的可获得性有时会成为政策制定的影响因素,甚至会是重点关注对象。

四、权力、通道和交涉

　　图 6.3 对图 6.1 中"需求"区域进行了拓展,箭头表示可以做出交涉的路径。虽然该图以英国政府的核心组成部分为基础,但也可以为其他民主国家绘制类似的图(做参考)。

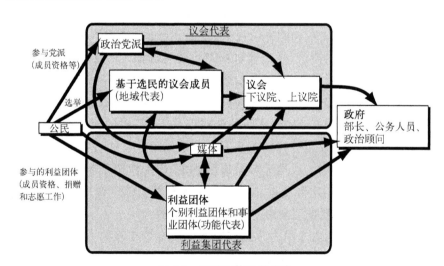

图 6.3　利益团体及其代表

　　图 6.3 上半部分展示了正规的宪法交涉路径。公民通过投票为投票制度提供支持,还可以游说他们支持的代表并提出要求。政党通过发布带有一系列新政策的竞选宣言,为这个过程提供组织框架。各党派为议会选举提供候选人,下议院席位最多的政党将组成政府。选举期间,公民可以向政党或国会议员提出议题,而他们则可以向部长或公务人员提出交涉。这些

可能会带来政策变化,也可能不会。

然而在选举期间,大多数关于政治问题的辩论都围绕着有组织的利益团体展开,这些利益团体直接或间接地通过媒体向政府表达某些观点,并在一系列过程中发挥着举足轻重的作用。各团体之间竞争激烈,有些团体更容易达成目标。大体上,有两种类型的利益团体:个别利益团体和事业团体。

个别利益团体(sectional groups)代表一类特定人群的利益(通常是经济利益)。典型的例子有工会、专业机构和雇主组织。但是,有些个别利益团体不容易被识别出来,因为在政治体系内进行交涉只占它们活动的一小部分。例如,大多数公司只在必要时进行政治交涉,比如与公司活动相关的立法正在被起草。英国汽车组织的主要目的是为其成员提供诸如故障抢修和保险等福利,但它也经常会就道路建设和汽车课税等问题游说政府。

事业团体(cause groups)关心的问题通常与其成员利益无直接关系。绿色和平组织(Greenpeace)和地球之友(Friends of the Earth)等环保团体,与(国内或国际)反贫困或动物保护组织相关的团体都是事业团体。与个别利益团体一样,有些事业团体的大部分精力不是为了发起运动,而是为其成员服务,如英国的慈善机构国家信托(National Trust)是为了保护英格兰和威尔士的建筑及自然遗产、乐施会(Oxfam)是对饥荒人群给予扶助。但还有一些团体主要是为了发起运动,对成员的服务仅限于一些能够支持该运动的项目,比如直接鼓动成员积极参与政治活动或者进行资金筹募。

个别利益团体和事业团体之间的区别并不总是明确的。一个反对高速公路扩建、反对建造垃圾填埋场或采石场的环保团体可能被视作个别利益团体。例如,如果参与的成员大多是房屋业主(任由建造发展的话,其房屋财产就会贬值),他们实际上获得的就是个人利益。邻避效应(Not In My Backyard,NIMBY)就是用来描述这个特定群类的。

影响决策制定的力量与向政策制定者提供有效交涉的力量密切相关。图6.3展示了交涉和游说的路径。利益团体可以游说政党内的舆论影响者;直接或间接通过其会员游说个别国会议员;游说下议院和上议院的全体议员,如下议院的选举和常设委员会。它们还会试图游说组成政府内阁决策圈的部长、公务人员和政策顾问。团体之间经常互动,试图建立联盟并影响对方的战略和策略。

团体会利用媒体制造"新闻",形式可能是新闻稿和发布会、报告、泄露的政府文件(如果它们可以得到的话),或游行示威、占领某地等引人注目的举动。出版商、广播公司和其他媒体组织可选择要报道的事件,以及给予它们多少重视与如何呈现各方的论点和个性,因此媒体在整个过程中起着至关重要的作用。不能假定媒体是利益团体信息的被动接收者和中立传递者。它们经常会有自己的政治议程,通过商业利益或其业主的政治立场,吸引特定的目标人群。在这一过程中,话语在构建消息传递方式和接收方式中的作用十分关键。

与政府代表进行有意义的讨论只适用于少数团体。拥有这种访问权限的强大游说团体被称为与政府关系密切的内部团体(insider groups)。其中一些团体可能非常强大,几乎不需要使用媒体和议会这些并不是很有效的交涉路径。在政治体制内,拥有这种颇具影响力的地位会带来巨大的回报,但也要付出相应的代价。如果想保住自己的地位,内部团体必须与政府"求同",而不能"存异"。这些团体的领导者往往在与政府进行谈判的同时不得不花费大量时间请求其成员妥协。只有符合以下条件的团体才会被认可其内部身份:

1. 权威(Authority)

对其成员享有追踪记录的权力。

2. 目标兼容性(Compatibility of Objectives)

由团体所推动的利益对政府来说必须在经济(如大公司和工会)或选举(如主流的事业团体)方面发挥重要作用。

3. 实用性(Usefulness)

团体必须向政府提供一些得到内部身份的回报。专家信息、专业技能以及对成员需求的调节都有助于一个团体进入政府圈子。

4. 追踪记录(Trace record)

公平交易的历史可以让政府消除疑虑,使其相信团体不会滥用内部身份且懂得如何有效地与公务人员合作。

5. 约束(Sanctions)

有时,团体得以获得内部身份,是因为政府担心如果不允许它们参与协商和施加影响的话,它们可能会做出不利于政府的事情。比如强大的媒体利益团体,如果不能满足其要求,它们可能会对政府做出负面的宣传(再如有权决定罢工的重点行业的商业联合会等)(琼斯等,2007:256)。

大多数环境问题涉及多个政府部门的决策,一些团体可能隶属于某一部门的内部团体,但是却被其他部门排除在外。对于没有特别准入条件的外部团体而言,重要的是考虑团体是否应努力获得内部身份,或者保持外部团体身份的自由是否比成为决策者获得的潜在利益更有价值。专栏 6.1 分析了两个英国环保组织的策略。地球之友和绿色和平组织在这方面选择了不同的路径,但双方都在有效运转。

专栏 6.1

地球之友和绿色和平组织

20 世纪 70 年代和 80 年代初期,新成立的地球之友(Friends of the Earth,FoE)和绿色和平组织(Greenpeace)是典型的外部团体,依靠引人关注的媒体特技、公开集会和写信请愿来开展活动。1971 年发生了"倾倒史威士包装瓶"(Schweppes bottle dump)事件,即在英国成立的地球之友的支持者将几千个不可回收的瓶子送回吉百利史威士的伦敦总部。绿色和平组织在英国的首次行动是使用充气艇阻碍英国的核电项目向大西洋倾倒废物。这两件事都产生了令人震惊的效果,因此引发了大量的新闻和电视报道。

多年来,这两个组织都从单纯的外部团体转变为在某种程度上参与内部游说的团体。地球之友一直尊重政府,并有意识地积累与政府接触所需的专业知识,同时仍然在一些问题上直接采取法律行动。相比之下,绿色和平组织继续采取直接行动,并在其认为必要时违反法律。虽然它偶尔会与政府接触,但它的首选路线是采用外部压力。

20 世纪 80 年代,这两个组织在反核运动上展现了二者方法的差异。地球之友花费了大量时间,对在萨福克(Suffolk)建造塞士韦尔核电站(Sizewell B nuclear power station)进行公共调查。这个繁重的调查持续了 27 个月,所耗费的成本是 25 万英镑,给 FoE 的人力、后勤和财务方面带来了巨大的压力,但结果还是没能阻止建立核电站,这似乎是地球之友的失败。相比而言,绿色和平组织开展运动,防止英国在海上倾倒核废料。在布里斯托尔海峡(Bristol Channel),绿色和平组织利用雪松号(Cedar Lea)船的宣传,辅之以与运输工会的谈判,最终说服工会成员不要运用火车或船运输废物。从那时起,英国就没有再往海洋中倾倒核废料废物了,这迫使该行业寻求昂贵的基于陆地的处置方法,但行业内对高强度放射性废料的处理仍未找到合适方法。

15年后,这两个团体在反对英国推行转基因作物的运动中有着明显不同的做法。地球之友委托专家进行研究,开展宣传活动,并游说包括超市在内的决策者。1999年,绿色和平组织破坏了转基因田间试验作物,导致包括该组织的英国负责人彼得·梅尔切特(Peter Melchett)在内的28名活动分子因破坏罪受到起诉。他们成功地对这一指控进行了辩护,理由是他们正在保护公众免受转基因作物的危害,最终他们被无罪释放。

多年来,出现了比历史悠久的绿色和平组织和地球之友更为激进的基层组织,如20世纪90年代反对道路建设与20世纪反对建造煤电站和机场的反抗组织。一位来自"愚蠢号飞机"(Plane Stupid)组织,曾组织跑道入侵和其他针对短途航班的抗议活动的活动分子表示:

大体上来说,绿色和平组织不够激进,且它经常对其他环保组织恃强凌弱。早期的一些运动,如彩虹勇士(Rainbow Warrior)反捕鲸抗议活动确实有效,但现在它似乎只是在作秀(奥基夫,2006:14)。

参考文献

兰姆(Lamb,1996);伊顿(Eden,2004);鲁兹(Roote,2007)。

网址

地球之友:http://www.foei.org/。

绿色和平组织:http://www.greenpeace.org/。

"愚蠢号飞机"组织:http://www.planestupid.com/。

问题讨论

● 参与塞士韦尔核电站公共调查如何帮助 FoE 满足获得内部身份的一个或多个条件?

● 地球之友、绿色和平组织与"愚蠢号飞机"组织三者的抗议运动的风格在哪些方面互补?

(一)利益团体交涉模型

相对简单的内部团体和外部团体的概念以及与政策决策者接触的形式和水平可以通过政府—利益团体互动模型进行详细解释,这些模型旨在表明团体与政府之间的关系,以及交涉和参与的发生过程。这些模型在广义上(如环境政策部门)或狭义上(如自然保护政策部门,甚至小型爬虫保护政策部门）描述了特定的政策部门。

多元主义模式（pluralist model）描述了没有强大内部身份、政治体系开放、权力分散的制度。虽然并不平等，但没有任何团体被剥夺发言权。政府作为不同群体之间的仲裁者，一旦做出决策，就会在实施政策方面发挥主要作用。多元主义模式更多地描述政策部门的道德问题而非经济问题，尽管一些分析家认为这就是美国和英国等国家（达尔，1961）中大多数团体—政府互动的特征。堕胎法、离婚、法定（结婚）年龄、同性恋和刑罚政策是相关问题的普遍例子，多元主义是"最适合"这些政策部门的模式。

合作主义模式（corporatist model）描述了内部团体与政府密切合作的制度，在这一模式下，内部团体不仅参与政策制定，还参与其实施。作为对这种影响力的回报，它们接受了对自身及其成员行为的要求和限制。政策主要是闭门造车，团体与团体、政府之间讨价还价，直至达成共识，最终向立法机关和广大公民颁布。由于涉及的不仅仅是利益交涉，所以这个过程被称作相互调解。权力牢牢地集中在这种模式中，外部团体在很大程度上被排除在外，而且参与进展缓慢。

重大经济利益受到威胁的政策部门倾向于采用类似于合作主义的模式（施密特，1979）。这方面的代表是与能源、化学工业、其他大型制造商和工程公司以及农业有关的政策部门，其中许多政策部门在使用环境资本方面发挥着关键作用。

精英理论（Elite theory）认为，少数人（如部长、高级公务员、具备重大科学能力或技术专长的人，以及那些处于党派层级顶端的人）做出大多数决定，这些团体将使它们的利益与精英阶层保持一致。

马克思主义（Marxism）是一种基于阶级的分析，其分析表明政府是资产阶级的代理人，即拥有和控制生产资料的人。马克思主义者声称，政治决定总是会直接或间接地促进这个阶级的利益（米利班德，1969）。

这些模型在应用于大规模政策制定时的局限性上引发了某些学者对单个政策部门（如国防部、农业部和能源部等）的研究。其比单纯的内部—外部法更细致地描述了团体本身、团体和政府之间的关系（或者是像政府部门和机构之间的关系）。政策共同体（policy communities）是用来描述相对强大的团体中紧密结合在一起的政策网络的术语。问题网络（issue networks）描述了更加开放的政策部门内团体之间的关系，其中团体对政策结果的影响力较小。表 6.1 列出了这两类政策网络的特点。

表 6.1 政策网络的类型：政策共同体和问题网络的特征

维　度	政 策 共 同 体	问 题 网 络
成员资格		
参与人数	人数十分有限,一些团体有意识地把自己排除在网络之外	大量团体;结构开放
利益类型	经济和/或专业利益占主导地位	任何问题,包括与经济问题有重合的其他问题(如环境问题)
整合		
互动频率	所有团体在与政策问题有关的所有问题上进行频繁和高质量的互动	接触具有流畅性,强度会有波动
连续性	成员资格、价值观和成果持续不变	成员资格和结构波动很大
共识	所有参与者都有共同的基本价值观,并承认结果的合法性	存在协议,但冲突永远存在
资源		
资源分布(网络中)	所有参与者都拥有资源(如信息、合法性、实施控制权);可以用这些资源来换取影响力	有些参与者可能会有资源,但十分有限,成员之间是基本的咨询关系
权力		
组织机构之中	层级的;领导可以命令成员	多变的分配方式,有约束成员的能力
组织机构之间	成员之间有制约力;尽管某个团体会起主导作用,但整个网络比单独团体的作用更大	不平等的权力展现不公平的资源获取方式;存在输赢:赢家以牺牲输家为代价,所以就整个网络而言,权力此消彼长,总体基本不变

资料来源:摘自马尔什和罗代(Marsh & Rhodes,1992:251)。

　　治理理论(governance theory)认为,近几十年来,随着权威和权力同时分散给有关各方,政策进程开始开放,从关注明确的决策制定("政府")转向更广泛、更复杂的决策制定过程("治理")。图 6.1 和图 6.3 这两个图于这一理论来说并不适用。治理既包含参与也包含交涉。与其说政府兼顾中立仲裁者的角色,不如说政府是市场和社会的合作者。政府在实施调解的过程中,与包括市场在内的利益团体进行谈判。谈判产生的政策会利用所谓的"新政策工具"(本章稍后讨论),并以去中心化的方式实施。

　　第四章和第五章中介绍的生态现代化是基于政策制定的治理观点得出

的,其中更严格的环境管控可能来自工业自身,而不是来自环境监督组织(见专栏 5.2)。在传统政府由管理到治理的转变过程中,出现了不同类型的环境政策:预防而非治疗;参与而非排他;分散化而非集中化;为许多行为者的行动设定框架,而非设立强有力的监管政策(摩尔,1995)。

这种模式允许分析人员对不同部门的决策过程进行描述、分类和比较。现实生活中,很少有决策过程能恰好融入某种模式,但政策部门的准入和权力方面的不平等程度对于学习政策进程的学生以及其中的工作者来说都是一个关键问题。例如,威尔(Weale,2009)根据治理理论争辩道,治理模式并不完全符合当前环境政策制定的现实。

(二) 无须交涉的权力

许多关于政治进程的研究都是基于对利益团体活动的观察而开展的。然而,政策进程中的一些潜在行为者也能在不做任何事情的情况下施加影响。

克雷森(Crenson,1971)对环境政策制定的一个经典研究表明,强大的既得利益者可以通过决策者的预期反应来控制政治议程。他对美国两个城市——加里(Gary)和东芝加哥(East Chicago)——的空气污染管制的发展进行了比较分析。这两座城市都是制钢城,东芝加哥的数家钢铁厂归几所公司所有,但加里的钢铁厂几乎全由美国钢铁公司(US Steel)所有。东芝加哥在 1957 年就引入了空气污染管理条例,而加里直到 1962 年才迫于联邦立法而采取应对措施。通过研究政府和媒体记录,克雷森发现,没有证据表明美国钢铁公司利用其经济力量来延缓法律的设立。然而,克雷森暗示,当局预计,如果进行空气污染监管,美国钢铁公司会关闭当地工厂并搬迁到别处。而对于这个问题,加里内部已预先进行了讨论。由于东芝加哥的行业更为零散,其预期反应对决策者的威胁较小,因此更容易实施监管。

通过研究团体的行为来确定政策部门内部的权力分配情况并不能从根本上解释这种关系。权力似乎是沿着多元化的路径分布的,事实上,这就是精英体系。实际上,最强大的玩家相对不活跃,因为他们不需要游说。根据克雷森的说法,在这种情况下,政策制定的特点就是非决策,也就是首先要提出失败的议题。

卢克斯(Lukes,1974)发展了非决策分析(non-decision making),并提出三个“权力面孔”(faces of power)。首先是政治领域内利益团体的公开活动;其次是通过预期的反应来控制政治议程,这样外部人员的不满就不会得到解决;最后是操纵公民的偏好,使他感受不到不满,从而无法表达出来。受社会化、教育和媒体条件的限制,人们未必认可那些不满,也不会根据自己的"真实"利益行事。这与第二章中马克思-尼夫(Max-Neef)对"伪满足因子"(Pseudo-satisfiers)的分析相呼应,也是对家长式作风(Paternalism)的批判。马克思-尼夫和卢克斯的分析都基于两个假设:一是人们的客观需要和兴趣不一定与个人表达的条件性主观需要和兴趣相同;二是学者或政策制定者可以确定客观的需求和利益,也就是说,只有专家知道普通人的真正需求。

(三) 政治体系

政策制定时期的交涉过程结束后,就是政府内部的决策制定过程(见图6.1)。在每一个现代化的民主政治中,这一过程都是由一个相当复杂的结构组成的,如由当选的政治家、公务人员、内部团体代表和执政党或政党的顾问组成。政治家最终负责决策,但政策建议的详细工作由公务人员进行。内部团体代表可以通过提供信息和专业知识来协助完成这项任务。其他重要的咨询和影响力来源是政府部长和国务秘书的政治顾问团队,尽管这些政治人员可能并不是政策制定过程的正式组成部分。

决策制定的方法会对所形成的政策类型产生影响。通常有三种决策方法模型:

- 广博理性决策模型(rational-comprehensive decision-making);
- 渐进式决策模型(incrementalism);
- 混合扫描决策模型(mixed scanning)。

这些模型有两个潜在作用。第一个作用是描述在组织内(包括政府)如何进行实际决策,以便更好地理解和分析这个过程。与上面介绍的利益团体交涉模型一样,模型在这些术语中的用途取决于它如何阐明实际的决策过程。没有一种模式能够完全捕捉现实生活中的组织以及在其中工作的人的复杂性,但通过确定组织机构的关键特征,可以得到一些见解。第二个作用是规范性的或规定性的。分析师可以评估和推荐一些比其他决策方法更有可能产生合理决策的方法。专栏 6.2 以荷兰能源转型项目为例,给出了规范性方法过渡管理(Transition Management)的实例。

专栏 6.2

荷兰的能源转型

要想达到 IPCC 第四次评估报告所要求的碳排放减少量(见专栏

1.2),需要彻底改变生活方式、工业流程和经济体系。荷兰正在使用一种名为"过渡管理"(Transition Management)的方法来制定和实施长期变革政策。

过渡管理旨在制定连贯一致的政策,开发实现可持续性根本变革所需的技术,同时进行体制和社会创新,通过召集利益相关者为长远发展制定愿景和战略方向来实现以上目标。接下来,利益相关者提议并尝试进行短期创新,这是实现这一目标的第一步和开展后续步骤的前提。希望这种开放式的合作可以绕过抵制新思维方式的现有结构和机构。学习、共识和创造力将促使社会和科技创新,也可以发展出创造事物的新方式及新的设备和过程。这包括政策创新,为可持续技术的应用创造条件,如绿色税收(green taxes)。

2001年,荷兰第四个国家环境政策计划(the Fourth Dutch National Environmental Policy Plan)将向可持续能源系统过渡作为其目标之一,即与1990年的水平相比,2030年将二氧化碳排放量削减40%~60%。于是,能源转型项目(the Energy Transition Project,ETP)启动了,该项目专门用于制定基于"最小遗憾"(minimum regrets)战略的投资和研发。其资金来自公共部门和私营部门。

ETP由"过渡平台"(transition platforms)组成。截至2010年初,ETP共设有七个平台:

● 可持续移动平台(Sustainable Mobility Platform),着眼于可持续燃料和汽车技术;

● 基于生物的原材料平台(Bio-based Raw Materials Platform),其愿景是,到2030年,荷兰30%的能源来自生物燃料;

● 新天然气平台(New Gas Platform),其愿景是,到2050年,开发出用沼气取代管道中50%的天然气的方法;

● 提高产业效率的平台(Platform for Chain Efficiency),研究如何使生产链减少能源和资源的浪费;

● 可持续电力供应平台(Sustainable Electricity Supply Platform),关注可再生电力、低碳化石技术(如碳捕集和储存),以及发电厂和使用点的效率;

● 建筑环境中的能源平台(Energy in the Build Environment Platform),预计到2030年,荷兰建筑的能源使用量比1990年少50%;

●"温室作为能源资源"平台(the "Greenhouse as Energy Source" Platform),正在开发减少荷兰大型园艺部门能源使用的方法。

这些平台汇聚了来自商业、政府和民间社会的利益相关者,他们共同为 2030 年制定战略愿景、提出前进道路并实施试验或试点项目。参加者直接通过邀请或宣传活动参加。每个平台都由一名企业代表(通常是大型企业)担任主席,总体而言,来自企业的代表比来自其他利益团体的代表更多。有人认为,平台中的公司的优势可能会阻碍创新和变革,特别是 2005 年出现了一个平行团体,即能源转型专责小组(the Taskforce Energy Transition),负责指导整个项目的战略构想。该小组同样以商业利益为主。尽管这意味着平台的"传递"(bypassing)作用会受限制,但将现有业务纳入整体流程会增加专业知识和合法性,并且可以拓宽资金来源。

每个平台都致力于开发一个或多个"过渡途径"(transition pathway)。一旦得到政府同意,"过渡实验"(transition experiments)就会考虑未来的发展方向。例如,新天然气平台已经提出了"绿色燃气"(green gas)的概念,并推出了包括哈勒姆(Haarlem)天然气公交车在内的各种实验。随后,可以开展更广泛的成功实验;从不太成功的项目中吸取经验教训,以指导下一阶段的设计。

参考文献

克恩和史密斯(Kern & Smith,2008);罗尔巴赫(Loorbach,2010)。

网址

能源转型:http://www.senternovem.nl/energytransition/。

问题讨论

● 理论上的过渡管理与实践中的 ETP 之间的主要区别是什么?

● 从能源转型的故事,你能找出政策制定的广博理性决策模型、渐进式决策模型以及混合扫描决策模型的要素吗?

所有这些技术都需要通过评估制定阶段的政策,来预测不同政策的可能性。本部分接下来将介绍政策评估的方法。

1. 广博理性决策模型(Rational-comprehensive decision making)

西蒙(Simon,1945)研究出了广博理性决策模型,用来描述组织(包括政府在内)的决策制定特征。该模型提出,决策者首先制定一系列目标,然后思考所有为达到目标可采取的行动。然后他们选择最有可能达到预期目标的行动。将模型应用到现实生活中的问题包括:

● 目标的合理性 在政府决策过程中,所制定的目标通常会受到政治过程的强烈影响,这个过程涉及拥有不同权力的不同利益团体之间的冲突,而不是"理性"一词所展现的客观分析;

● 广博理性决策模型的复杂性 虽然这一方法很容易被描述,但如果使用该方法进行分析会非常耗时且代价巨大,以致无法制定任何策略;缺乏信息和难以预测政策变化带来的影响也给该方法的实施增加了困难(哈姆和希尔,1993)。

2. 渐进式决策模型(Incrementalist decision making)

渐进式方法是一种替代模型,它提出,政策是以小而渐进的方式发展的,而不像广博理性方法那样是飞跃式提出的。渐进式方法的出发点是现有的情况,而不是理想化的未来目标。其将有限数量的潜在政策调整方法进行比较,并采用被认为最有可能获得利益相关者支持的集合(预测现有情况会有所改善)。如果有必要,随着时间的推移,情况会受到监控,发生进一步改变。通过这种方式,该模型明确了决策过程中价值的角色。该模型表明,政策制定建立在与受影响的利益团体达成谈判和共识的基础上,而非建立在客观合理性上。

布雷布鲁克和林德布洛姆(1963)认为,渐进式决策模型既是描述性的,也是规范性的。相较于广博理性决策模型而言,该模型更适合在真实组织中给予实际人员有限资源和分析途径。此外,谈判(negotiation)又称为"互助党派调整"(mutual partisan adjustment),会产生合法和公平的决定。但是也有不同的声音。例如,德罗尔(1964)批评这种方法本质上很保守,一步步调整现状不能为根深蒂固的问题提供彻底的解决方案。每次改变都是从一小步开始的,随着时间发展,大量累积的小步伐会带来巨大改变。然而,采用渐进式方法确实排除了更激进的策略,限制了决策者的选择范围。鉴于实现可持续发展必须采用激进(radical)的政策,所以在环境政策制定的过程中,这一点是该方法的重要缺陷。

3. 混合扫描决策模型(Decision making mixed scanning)

混合扫描法(埃齐奥尼,1967)通过在决定采取哪种方法之前就评估政策问题的性质来将前两点的优点结合起来。根本的和长期的决定,最好在先粗略审查一系列替代政策的预测后果后再做出。这并非广博理性决策模型所要求的详细分析,而是出于成本、时间和信息可用性的考虑而做出的。然而,在审查中,可以将激进政策和渐进政策会导致的不同变化考虑进去。其目的是对政策应采取的总体方向进行战略性决策。渐进式决策对更多有限变化进行详细分析,然后对政策的方向进行微调,直到把握好时间进行再一次的基本审查。

五、政策输出

若要成功实施环境政策,就要改变人们的行为,改变消耗环境资本的活动模式。政策体系的成果是政策工具,即政府用以实现这些变化而采取的行动。人们只会在法律和规则的强迫下改变自己的行为,或者他们认识到改变行为带来的经济利益,又或者他们被说服自愿改变行为模式。为了更加清楚地说明这一点,可以回顾第二章中提到的公地悲剧问题。为避免悲剧后果,公民们可以采取三种集体措施。他们可以建立理事会或政府,并通过法律来规范个人的行为;可以决定对过度使用公共资源的人征税,阻止不可持续的使用;或者可以采取特殊的鼓励和强制措施来阻止反社会行为。

事实上,无论组织规模如何,这三类模型就是政策制定者"工具箱"中的全部政策工具。因此,政策工具可分为法律法规("大棒")、经济手段("胡萝卜")和说服三种;具体方式上至直接提供信息,下至教育宣传。在大多数政策环境中,会将两种或三种工具组合起来使用。例如,为了防止司机超速,政府规定了限速(法规),对违反者进行罚款(经济手段),并进行新闻和电视广告宣传,劝说司机遵守法规。

(一) 法律法规(Laws and regulations)

法规(regulation)的产生方式有两种,第一种是由选举产生的立法机关如英国议会或美国国会(主要立法)直接立法通过,第二种是由部长或行政官员依据基本法赋予的权力制定规则(二级立法)。作为一项政策工具,起草得好的立法具备许多优点并可以广泛使用。如果立法能够简单直接,对出现的新问题快速响应,出台清晰公平的规则,保证利益相关者之间的公平性,并强制实施,它很可能就是最合适的政策工具。

然而,在大多数情况下,立法过程并不理想。如果是绝对的行为改变(如禁止住户向街上乱倒垃圾),此时对其立法是合适的。然而,如果是(干预)行为改变的程度(如住户应更多地回收利用),那对其立法就成效不大了。中央政府可以通过立法迫使地方政府在这个问题上采取行动,可能会要求每个地方政府出台回收计划。但这些计划将直接影响住户,其中的政策工具实际上不太可能完全监管到位:有说服力的措施或经济措施更有可能成功。

执法是一个关键问题。最好避免(施行)代价高昂或难以执行的法律,尤其是当它们会导致对整个法律体系的"不恭"时。即使行为变化是绝对的而不是渐进的,最好也不要施行那种法律。一项要求住户回收某些材料(并因此禁止从垃圾桶中提取铝)的规定需要执法人员检查垃圾桶内的垃圾并对违规行为进行处罚,这样做会非常耗时,而且也不受欢迎。

类似的情况适用于企业对污染排放的管理法规。传统的污染控制方法是禁止某些污染过程,除非企业已经从政府监管机构事先获得许可和同意。如果授权立法足够严格,那么监管机构会对许可协议进行严格控制。同样,在实际排放物的指定限制中,许可证可用于规定某类工厂的类型及经营方式、应急程序的设计和实施、员工的数量和资格以及培训方式;甚至根据欧盟的"综合污染防治控制指令"(Integrate Pollution Prevention Control Directive),企业会采用包括能效和废物最小化计划在内的环境管理体系。

然而,监管作为污染控制的政策工具存在固有的局限性。企业可能会以符合规定的方式回应许可条件。监管没有为企业投资减排提供法律之外的激励。"最佳可用技术"(best available technology)的污染控制制度通常会在技术升级时被强制执行。最先进的技术涉及的额外资本支出可以使延长老旧的、制造污染的设备的寿命更具吸引力,特别是"最先进的"技术有时意味着技术上的不成熟和未经证实时。

监管往往缺乏灵活性,且经济效率低下。假设一家拥有 10 个工厂的公司,每个工厂每年生产相同量(比如每年 10 个单位)的污染物 X(见图 6.4),则年总污染量为 100 个单位。如果引入污染许可证,每个工厂都会获得一个许可证,要求减少相同数量(如 20%)的排放量。这就需要该公司在每个工厂中都进行资本投资,如投资管道末端技术,让污染物在被排放到大气之前就被除去。这项投资的结果是 10 个工厂每家减少到 8 个单位的污染量,这个公司每年就会减少到 80 个单位的排放量。

然而,如果把相同的资金用在建设 4 个新厂上,这 4 个新厂的废物排放量就会各减少 10%,但另外 6 个不会减少(工厂总数仍为 10 个)。这样一来,每年的总污染排放量便是 64 个单位(6 个旧工厂各排放 10 个单位,4 个新厂各排放 1 个单位)。这个结果更加经济,因为相同的资本支出实现了更

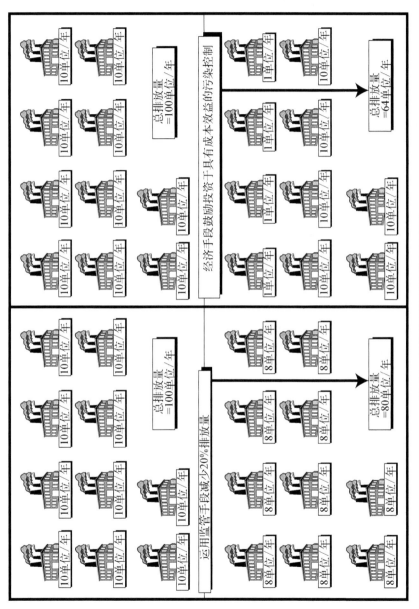

图 6.4 污染控制的监管和经济体系

大的排放量减少。各国政府正在采取越来越经济的污染控制方法,以最经济有效的方式实现环保目标。1990 年的美国清洁空气法案(US Clean Air Act)(美国国家环境保护局,1993)是一个颇具开创性的例子;欧洲排放交易计划(European Emissions Trading Scheme)也采用了这种方法(见专栏 7.1)。

(二)经济工具(Economic instruments)

经济政策工具可以通过提供更灵活和更有效的手段来克服监管的一些不利之处,从而鼓励污染者减少其污染行为。经济工具的例子包括污染收费、产品收费、可交易许可证制度、生产者责任制和政府补贴等,第八章会对此进行详细讨论,还会探讨它们与治理理论和生态现代化的联系。它们不是监管的替代品,而是更复杂的形式。除非自愿达成一致(这很少见,原因将在下一节讨论),否则就要通过立法,用经济工具征收污染税或产品费用,并规定其征收和执行方式,如果是补贴的话,就规定配给和分发方式。

在 10 个工厂的例子中(见图 6.4),如果对每个污染单位征收费用,那么企业主就会有经济动机去减少排放,前提是这样做的成本低于征收污染税的费用。每个企业主都将根据工厂的具体情况计算最具成本效益的应对措施。污染收费为企业减排提供了持续的动力,如技术改进降低了污染控制的成本。排放量越低,企业的成本就越低,这与基于最大排放目标的许可证制度不同。

如果被征税的活动不能满足基本需求,或不能对在经济上处于不利地位群体的生活质量做出重大贡献,那么经济工具就会出现问题。例如,提高用于供暖或运输的水、食物或能源价格的经济手段,对较低收入群体的影响比对较富裕群体的影响更大。如果这样做加重了贫困现象或导致人们的基本需求得不到满足,就违反了可持续发展的公平性原则。在这种情况下,补贴可能会抵消收费带来的影响。例如,如果汽车成本上升到超过低收入群体所能达到的水平,那么对公共交通进行补贴便可以为低收入群体提供一种可选的且价格合理的交通方式。对于因征税提高了国内能源价格的影响,可以通过发放补贴以提高弱势群体的能源效率来减轻。

(三)说服和自愿行动(Persuasion and voluntary action)

对于寻求实施特定环境政策的政府而言,让个人或企业在不需要监管、税收或补贴的情况下改变自己的行为是一个有吸引力的主张。除了经济手段(不需要昂贵的监测或执法成本)之外,政府还提供了通过达成共识开启保护环境行动的方式。这有可能增加所采取的特定行为的可接受性,并且通常可能会增加环境行动的接受度,甚至还会增加政府在各团体中的支持率。

在行为改变相对容易实现且成本低或不需资金的情况下,自愿行动的效果最佳。家庭的垃圾回收是一个很好的例子,可能只要一点点劝说,很多人就会极大地改变他们的行为。可持续消费(第三章)和绿色消费主义也是恰当的例子。但如果所要求的行为比较费时或麻烦,人们便会不愿参与进来。这不仅是因为人们面临着固有困难。在经典的公地悲剧中,诸如"为什么我应该这么做,而别人不需要这么做"的问题也会阻碍人们采取行动,企业也会有这种想法,这就是为什么经济工具很少被自愿采纳的原因。即使大多数特定行业的企业同意增加产品费用来为其产品的环保安全管理提供资金,但这类商品很可能会被别的企业低价出售,因为少数制造商会选择不采纳该经济工具,因此可以低价出售这类商品。

所有的说服最终都取决于信息,并且在特定的情况下,可能有各种合适的信息提供方式。

● 被动提供信息(Passive information provision)

被动提供信息是提供中立信息给那些进行咨询的人。这种做法具有便宜的优势,但对行为可能不会产生太大影响。它可能会被政府用在不愿提供补贴的时候,以应对压力团体的活动。但政府很高兴看到这种做法没有起什么作用。

● 积极提供信息(Active information provision)

促销活动中的广告或邮件中的广告会把信息带给目标受众。

● 主动说服(Active persuasion)

不只是提供中立信息,还要使用特定的话语引发争论以调动大众的情绪,并使那些不愿遵从的人感到内疚。

● 宣传(Propaganda)

宣传适用于因社会原因而必须停止的活动,如酒后驾驶,主要的威慑手段就是监管,宣传可以起到改变舆论的作用,以至于酒后驾驶变得不太能被接受,因此发生的可能性也变小了。现在追求的行为改变是防止可能的酒后驾驶,这样社会舆论就会有助于立法。在极端情况下,这有可能导致强迫和侵犯人权。

六、政策结果

虽然政策产出是政府的行为,而政策结果是这些行为的实际效果,也是现实世界中政策产生的实际效果(影响)。图 6.1 已经详细介绍了"政策环"(政策制定流程),通过改变政策环境,促进需求、支持者和资源的改变。但这些改变未必是政策制定者所期望和计划的。在实施阶段,政策可能会因各种原因而失败,如公务人员或其他官僚的抵制、公民的抵制,或者仅仅是因为选择的政策手段不合适。有许多例子表明,一组政策的实施会阻止另一个政策的成功,此时往往是因为参与的政府部门不同。尽管中央政府制定了发展可再生能源的政策(托克,2005),但英格兰和威尔士的地方当局规划系统在 1999—2003 年拒绝了 45% 的陆上风能应用许可。

即使政策出台后就出现了期待的行为改变,也有可能不完全是因为政策本身,而是受另一项因素的意外影响。20 世纪 90 年代,英国用来发电的主要燃料由煤转变为天然气,这一转变是因为发电站(罗伯特等,1991)的私有化,而不是限制酸排放的政策,尽管前述政策也发挥了作用(见专栏 7.1)。

(一) 政策评估

实施政策评估是整个政策制定流程的重要组成部分。政策评估不仅仅是回顾性的,还提供了一些可用于通过调整政策本身或政策输出来改进实施情况的信息。因此,形成性评估(formative evaluation)(如在政策制定或重新拟订阶段的需求分析)与总结性评估(summative evaluation)(在某一政策运行过程中进行)一样重要。克拉贝和勒罗伊(2008:6)指出,所谓的总结性评估实际上是对正在施行的政策进行临时评估,这样不仅可为当政者提供过去政绩的资料,而且评价也可以成为学习和政策调整的机会。

政策评估方法必须与现实情况相匹配。方法从定量技术,如大型统计调查,或经济技术,如成本效益分析(见第八章),到定性研究,如在电视宣传广告结束后对公众就酒后驾驶的态度进行调查。基线数据(baseline data)是一定需要的,所以在制定政策时就需要考虑到评估,而不是事后才考虑到。

克拉贝和勒罗伊(2008)总结了五类容易给环境政策评估带来挑战的问题。这些都与环境科学的特点有关,可以从第四章中获知。这些问题是:
- 环境的复杂性;
- 可靠数据的获取;
- 分析时间、规模和水平;
- 从案例研究中建立因果关系和归纳结果的困难;
- 关于科学信息的使用和解释,以及评价的潜在影响。

（二）制定可持续性政策

可持续发展政策必须将保护与加强环境、社会和经济资本作为目标。从上述政策过程来看，能够制定符合可持续发展原则的政策的可能性有多大？

从问题获得关注的周期上得到的信息是令人沮丧的，这表明，由于这些问题在时间和空间上是相当遥远的，公众舆论将逐渐适应并接受恶劣的环境问题和其他问题。

对利益团体交涉的分析表明，相对于经济利益而言，非经济利益的交涉，如环境保护和可持续发展，通常会处于结构性劣势地位。由于社团的结构性劣势往往意味着团体处于外部地位，因此，像环境压力团体这样的群体在政策部门结构处于多元主义模式时更有可能取得进展。但是，如表 6.1 所示，问题网络的特点是多元性和开放性，但其在面对内部团体时却没有什么权力。

这并不是说在既得经济利益者面前就不可能实现可持续发展。过去 30 年来，美国和欧盟的工业环境标准有了巨大的改善，特别是在废物和污染方面。环境保护团体进行的有效游说和倡议活动使得这方面的进展并不小。这些进展促进了政府政策的改变，加强了对工业的严格管制，如第五章所示，企业在清楚认识到利弊之后，自愿采取变革。这些发展是逐步产生的，表明在许多小阶段都有可能发生重大变化。科技研究人员可能会很满意这种做法；生态主义中心者希望看到更快更彻底的改变。

实现环境资本成果的公平分配似乎在国家和国际层面仍是一个棘手问题。发达国家和发展中国家的贫困和社会排斥问题不是通过加强环境保护就能解决的，甚至不需要生产更多的物质产品。布伦特兰委员会（Brundtland Commission）即世界环境与发展委员会（World Commission on Environment and Development，1987：8）指出，必须让公民有效参与决策，并在国际决策中加强民主，以确保满足贫困人口的需求。

选举政治有着短期效益主义的色彩，阻碍了为子孙后代造福的政策的制定。这使得一些分析家认为，"开明的"精英们支持的威权政府（authoritarian government）是实施可持续性政策的唯一途径（奥菲尔斯，1997；海尔布鲁诺，1997）。关于权力去中心化和辅助原则的争论基于这样一种观点，即赋予个人和社区权力会带来文化变化，并会加强个人责任感，进而促使个人行为发生改变（布克钦，1974；伊里奇，1973）；当政策体系从管理转向治理时，这些争论可能会变为现实。

民主制度不会支持代表后代利益的组织。因为可持续发展政策的大多数潜在受益者尚未诞生,所以无法找到利益团体为政策改革施压。因此,这个代表利益团体的任务就落到了开明的事业团体的身上。说服决策者和他们的选民,为了子孙后代的利益而必须推迟享用眼前福利——这是一项艰巨的任务。

20 世纪 80 年代和 90 年代,政府利用经济工具落实环境政策,就经济层面而言,这种发展可能会让环境政策的实施更加有效。然而,如果由此带来的结果是对基本商品的定价过高,高到超出穷人的负担能力,那么就会出现严重的公平问题。很显然,只有社会大多数群体全心全意地争取改变,才会达到可持续发展所需的变革规模。这表明,有效的说服与监管和经济政策工具一样重要(瑞塔莱科等,2007)。

本章回顾了国家层面的政策制定流程。但是,国家的环境政策已经越来越成为其外交政策的重要组成部分,第七章会分析这种趋势,以及如何在国际层面上调整环境政策。

拓 展 阅 读

有关政府决策各个阶段的经典文本,都在上文中进行了说明,如伊斯顿(Easton,1965)、唐斯(Downs,1972)、达尔(Dahl,1961)、施密特(Schmitter,1979)、克雷森(Crenson,1971)、卢克斯(Lukes,1974)、布雷布鲁克和林德布洛姆(Braybrooke & Lindblom,1963)。对这些著作中关于环境政策的最新总结、评论和批评,都可以在卡特(Carter,2007)和琼斯等(Jones et al.,2007)学者的书中找到。

卡扎尔(Kjar,2004)提供了治理理论的可读概述,阿杰和乔丹(Adger & Jordan,2009)探索了可持续性下的治理理论,乔丹等(Jordan et al.,2003)学者回顾了一些欧洲国家和澳大利亚的环境政策工具理论和实践情况,克拉贝和勒罗伊(Crabbe & Leroy,2008)对环境政策评估的多种方法进行了解释和评价。

第七章　国际环境政策

本章将：
- 回顾与可持续发展有关的国际政策和管理的特点；
- 在全球可持续发展背景下介绍全球化、债务和贸易的问题；
- 回顾全球环境与发展谈判进程。

一、国家主权与国际法

第二章中介绍的公地悲剧模型，可以阐明与开放获取资源相关的问题。尽管这个模型设定的情景是一个村庄的个体家庭，但它可以作为城市中的社区、国家范围内的区域、国际甚至全球层面的国家政权之间共同进行资源管理的利益冲突的例证。

男人、妇女和儿童都享有《世界人权宣言》(*The Universal Declaration of Human Rights*)所述的权利。公地悲剧模型假设研究对象处于无政府状态，如此，人类便可以随心所欲，完全不考虑自己的行为会对他人造成什么影响。如果把这个模型扩大到乡镇和城市的层面上，就更难想象无政府状态是什么样子了，在这样的情况下，是不可能出现发展的。但是，如果用该模型来描述世界不同国家对全球环境管理措施的态度的话，那就再合适不过了。因为民族国家是主权国家，就像哈丁模型(Hardin's model)里中世纪的奶农一样，它们在自己的领域里，有权按照自己的意愿行事，即使这样会损害其他国家同样赖以生存的资源(如大气和海洋)。

当然，国际法确实存在，但其根本宗旨之一就是国家主权原则。没有任何一家国际机构拥有环境执法权。对于全球层面的环境政策制定而言，这就存在很大的困难。为了避免"悲剧"发生，第六章中确定了三大广义政策工具可供选择：立法手段、经济工具和自愿行动。但是，与国家内部政策相反,国际法和税法不能在它们没有事先通过条约协议的情况下就被强加于主权国家。这就意味着国际政策的效力需要被"稀释"到最不热衷(某一领域如环境保护)的国家也能接受的水平。这一问题由于缺少对搭便车者的惩罚而更加严重,一些国家通过继续污染环境来获得显著的竞争优势,而其他国家则要承担清理本国工业产业的费用。虽然国际法允许一个国家对另一个国家提出侵权索赔要求,但在一般情况下,这一点是很难得到证明的。例如,跨边界空气污染问题,就很难在空间和时间维度上将其与某一个特定的地理来源联系起来(见专栏 7.1 和专栏 2.2)。

专栏7.1

控制欧洲的硫排放和碳排放

硫排放

20 世纪 60 年代,首次有人怀疑欧洲大陆的硫排放与斯堪的纳维亚(Scandinavia)的湖泊酸化有联系。随后的研究表明,大气中的酸在坠落形成酸雨、酸雪和干沉降之前,可能会传播数百或数千公里。随着欧洲普遍存在生态破坏的证据逐渐显现,国际社会必须对跨国界的酸性污染做出协调一致的反应。

两个论坛同时针对这一问题进行了讨论:联合国欧洲经济委员会(The United Nations Economic Commission for Europe, UNECE)(除对欧洲所有国家开放外,对美国和加拿大也开放,因为有些酸污染是跨大西洋的)和欧盟(The European Union, EU)。起初相关政策在英国等国家推行缓慢,这些国家不认为本国排放和造成其他地区环境破坏这两者之间存在关系,但随着 20 世纪 90 年代更有力的科学证据的出现,国家之间逐渐达成了共识。

1979 年,UNECE 大会的《长期跨界空气污染公约》(*Convention on Long-range Transboundary Air Pollution Acts*)作为检测排放的一个总框架被用来研究硫排放带来的影响,并被用来协调国际的减排战略。减排是公约的协定书强制执行的,但也仅限于对认可该公约的国家具有法律约束力。大会最新通过的章程是 1999 年的《哥德堡协议》(*Gothenburg Protocol*),这个协议规定:到 2010 年,成员国/方的硫排放量上限将比 1990 年减少 63%。随着时间的推移，减排的基础已经从单纯的减少转换为一种更为科学的方式，即通过计算机模型来预测哪种减排模式最符合成本效益。那些对人体和环境健康危害最大的、排放量偏高的国家以及能够以相对低廉的成本降低硫排放量的国家，也不得不最大限度地减少排放。

与 UNECE 同步的还有欧盟，该组织也制定了一项（减少）酸化的战略（Acidification Strategy）。该战略要求进一步减少包括硫黄在内的主要污染物的排放，目的是到 2010 年，让欧盟内的酸化土地面积从现有承诺的 6.5% 的基础上减少到 3.3%。该战略根据欧盟指令实施，包括：

● 对重油和汽油的含硫量设定最大限度；

● 对发电厂和其他类似工厂的硫、氮氧化物和尘埃颗粒设置最大排放量；

● 在欧盟范围内，为 2010 年联合国欧洲经济委员会设置的有关硫和其他污染物排放的目标提供法律效力。

碳排放

欧盟排放交易机制（the European Union Emissions Trading Scheme，ETS）是一项于 2005 年确立的限额与交易机制。它适用于 25 个成员方的工业部门，如能源发电、金属、水泥和砖块生产。每个成员方在符合当前的排量要求和履行《京都议定书》中的义务的基础上，可以设定自己的部门配额，但这些配额需要得到欧洲委员会的批准。现在已通过经纪人与交易所建立了允许成员方在欧盟内部和外部使用《京都议定书》（*Kyoto Protocol*）中的清洁发展机制（the Clean Development Mechanism，CDM）的系统。

斯特恩（Stern，2007：372—374）指出了在 ETS 实施初期出现的一些问题：

● ETS 已促使欧盟企业购买 CDM 信用额度，因此有可能推动发展中国家的减排；

● 如果要有效地推进计划，企业需要有关计划未来运作的长期信息；

● 有些国家/地区设置的初始限额过高，导致机制内碳的价格过早"崩溃"，需要在共同体层面进行更集中的监督，以确保稀缺性；

● 有些小公司发现很难达到机制的要求。

参考文献

伯默尔-克里斯蒂安森和斯基（Boehmer-Christiansen & Skea, 1991）；联合国欧洲经济委员会（the United Nations Economic Commission for Europe, 2000）；斯特恩（Strern, 2007）

网址

联合国欧洲经济委员会：http://www.unece.org/env/Irtap/welcome.html/。

点碳：http://www.pointcarbon.com/。

问题讨论

● 这些案例在多大程度上证明了从"管理"到"治理"的转变？

● 主权在多大程度上是解决国际常见问题的障碍？

然而，在国际舞台上，所有国家都不是无政府状态的，正如在专栏7.1中所展示的那样。各国都意识到，集体行动的优势是避免或至少能改善环境问题。一些国家自愿将主权的某些方面与其他国家联合起来，欧盟就是一个很好的例子。分享主权通常是为了获取贸易利益，但共同的环境政策往往是这种结合的结果。为了确保所有国家可以进行公平竞争，最低限度的环境标准是必需的。这也是为什么本章就像关注环境保护一样十分关注排污权交易问题；另一个原因是，交易在寻求可持续发展方面确实发挥作用。专栏7.2从特定的捕鱼案例出发，对发达国家和发展中国家不受监管的贸易自由化问题进行了研究。

专栏7.2

塞内加尔（Senegal）：鱼类、贸易和可持续性

为防止过度捕捞和鱼类资源枯竭，发达国家在沿海水域采取了更多的管制措施，其渔业在寻找新的水域来发展。许多发展中国家欢迎外国渔船，因为增加的国民收入将有助于偿还债务，而相关的经济活动也能给国民提供就业和收入。但由于对外国渔船的监管不足，这会对发展中国家造成严重的环境、经济和社会损害。

自 20 世纪 80 年代以来,西非国家塞内加尔出口的鱼类资源就已成为其主要的收入来源。和欧盟的贸易协定使得塞内加尔很快打开欧洲市场,鱼类出口剧增。到 20 世纪 90 年代末,塞内加尔三分之二的海外收入来自鱼类出口。为了促进出口,塞内加尔政府通过高达 25% 的出口补贴来鼓励贸易。当塞内加尔货币被迫贬值时,由于鱼类在欧洲市场的价值更高,该国鱼类资源的出口量进一步增加。

现在,塞内加尔的海域由于过度捕捞,一些鱼类已出现供应短缺,特别是那些深受欧洲消费者欢迎的深海鱼类。一些鱼类可能面临灭绝的危险。对塞内加尔当地居民来说,鱼是十分重要的蛋白质来源,而其是从与国外渔船队竞争日益减少的资源中获得的。预计当地市场将出现粮食短缺。当地以鱼为生的野生动物,如鲸、海豚和海豹也是鱼类资源的消耗者,有可能会随着鱼类种群数量的锐减而灭绝。

塞内加尔政府坚持在当地利用新建的工厂来加工捕捞到的鱼,但又没有充分利用鱼类资源,这使得上面提到的问题变得更为严重。大多数出口的鱼类产品都是生的或冷冻的,并没有进行精细加工。失效的管理和用于简单捕获、在本地处理加工的落后的工厂就意味着高损耗率,同时也对鱼类资源形成压力。

联合国环境规划署(United Nations Environment Programme, UNEP)的研究建议,允许塞内加尔和其他国家继续在国际上进行鱼类贸易,但要有对国家经济和海洋环境进行保护的措施。为实现对鱼类资源的可持续管理,联合国环境规划署建议:

● 提高外国船只的进入费,这将充分增加在塞内加尔的捕鱼成本,同时减少对更昂贵资源的需求,具有双重好处;

● 如果有科学证据证明鱼类存储量处于濒危状态,就可以暂停进入协议;

● 对每种鱼类的捕捞进行配比,以保护那些最濒危的鱼类;

● 向非洲其他地区和亚洲出口,以形成多元化,这些地区的消费者的喜好不同于欧洲消费者,从而分摊不同鱼类的压力;

● 以经济刺激来促进对现代加工工厂的投资,使得鱼类在出口前有更多附加值;

● 采取诸如降低燃油费等经济激励措施,让服务于当地市场的小型捕鱼船只也提高动力。

虽然欧盟和塞内加尔之间最近的渔业合作伙伴关系协定加强了对塞内加尔渔业的保护,但维特布伊(Witbooi,2008)认为,由于各国磋商能力不等和政策实施强度不同,到目前为止,"由于欧盟新渔业合作办法的制定,塞内加尔鱼类和渔业可持续发展的进步仍旧很小"。

参考文献

联合国环境规划署(UNEP,2002);维特布伊(Witbooi,2008)。

问题讨论

像塞内加尔这种发展中国家,在与如欧盟、世界贸易组织(WTO)等国际组织和跨国公司以及其他国家政府进行谈判时,几乎没有任何政治权利。

● 这种相对无力的情况如何影响联合国环境规划署建议得到实施的可能性?

● 如果塞内加尔是唯一引入联合国环境规划署建议的发展中国家,会产生什么影响?

● 塞内加尔如何才能提高与世界其他国家谈判的地位?

即使国家保留自治权,关于跨界空气污染或渔业管理等问题的谈判也会达成一些协议,这些协议一旦得到签约国的认可,其在国际法中就具有相应约束力了。这类谈判达成的协议和第六章中列出的国家政策制定有很多共同特征,包括近几十年来越来越多的治理结构和政策工具(见专栏 7.1)。的确,可以认为这些治理结构的有效程度足以弥补国际管理机构的不足(帕特森,2009)。

国际层面的政策制定者在政策环境下进行决策,这一情况会激发需求、支持和资源,这些资源经过处理会催生政策产出和结果(见图 6.1)。国际政策制定涉及的规模更大,利益集团更为多元化,谈判也是在多种语言的情况下进行的,但和国家层面的政策制定一样,国际政策制定也是一个动态过程,更多(或更少)开放给利益集团参与,具有竞争性话语的特点,所以不可避免地会偏向一部分利益集团。

二、一分为二的世界

20 世纪的发展悖论认为,随着经济、科技和文化巨变席卷全球,不同大陆和人种的多样性似乎减少了,但也正是因为这种变化,才有可能使得世界的贫富差距逐步加大(韦德,2004)。在此情况下,政治也产生了变化。在20世纪的最后二十年里,人们对市场力量和消费者驱动解决方案的依赖不断增加,这赋予了一些人权力,但也削弱了组织和政府为集体制定计划的能力。

可持续发展的概念来源于消除全球发展不平等的需要。因此,要分析国际环境政策,就要了解全球化的相关问题,了解较贫困国家的债务、国际贸易及地区和国际范围下的环境质量状况。

三、全球化（Globalisation）

全球化出现在20世纪的最后几十年,其是解释在世界范围内发生的经济、政治、文化、社会和技术变革的总体概念(吉登斯,1999;格雷格等,2007;博代,2009)。全球化的根本驱动力是交通和电信技术,这些技术减少了因距离造成的障碍。全球化还促进了全球化经济体系的建立,其取代了近三十年来的区域化模式。这并不是说国际贸易本身是新生事物:全球化改变的是贸易的性质和数量。

这得益于多国公司和跨国公司的快速增长。多国公司(multinationals,MNCs)在几个不同国家经营相对自主的业务,跨国公司(transnationals,TNCs)则是跨国进行高度整合的业务。过去,印有美国公司商标的商品可能会使用一些进口石油或钢铁等大宗货物,但几乎肯定是在美国本土生产的。而如今,从商标上无法看出商品的原产地了。跨国公司与多家制造商签订合同,一些制造商生产原件,一些制造商负责将原件组装成产品,还有一些制造商负责包装和将最终的产品分配到批发商手中。即便是最基本的制成品,如衣服,也很有可能是经手过很多国家的制造商才到达商店的。

在经济方面,每个地区都与世界其他地区是既竞争又互相依存的关系。传统的高收入、高社会福利的国家会发现它们出口的产品会被低收入的邻国或其他大洲的国家廉价出售。一个地方的工人运动能够促使投资转向其他有前景的地方。第八章将会解释以市场为基础的经济体系产生的不公平问题。尽管世界的整体财富增加了,但其分配并不公平。

20世纪下半叶,世界经济总量增长了5倍。但与此同时,世界人口数量也在增加,而同期人均收入只增长了2.5倍。然而,全球最富有的20%的人和最贫困的20%人之间的收入比却从1960年的30∶1上升到1995年的80∶1。1990年,发展中国家/地区有超过18亿人生活在极度贫困中,虽然到 2005 年这一数字下降到 14 亿(大约是世界人口的 25％),但 2009 年的经济危机仍会阻碍甚至逆转减贫进程(联合国,2009)。大多数贫困人口生活在亚洲及太平洋和撒哈拉沙漠以南的非洲和拉丁美洲等地,但工业化世界的贫困,影响了尤其是苏联等发达国家的少数民族的人口。

四、债务和发展

日益增长的不公平问题的一个重要特征是发展中国家的债务问题。在 20 世纪 80 年代和 90 年代,债务危机的根源在于 1973 年的战争和 1978 年的革命之后石油价格的快速上涨。再加上美国长久以来的贸易逆差,导致了生成于欧洲银行的大量美元离岸持有。随着油价的上涨和投资行情的低迷,发达国家的经济陷入衰退的境地。大型公司倾向于通过发行债券而非从银行借贷进行筹资。因此,银行不得不寻找其他潜在债务人,事实证明,许多发展中国家很容易被说服。

通常情况下,贷款是为进口商品提供资金(包括军备),而不是用在可以产生收益率的基础设施建设上。在贷款是用来建造固定资产的情况下,项目结果通常不太好,这符合经济学分析。当用可持续发展的标准来衡量的时候,这些产品就更加让人怀疑。以大型水坝为例,在为城市和工厂(如炼铝厂)供电时,会造成大面积水淹地区农民的流离失所和贫困化(亚当斯,2008)。此外,此类工程对环境的影响往往是巨大且不利的。大坝会影响其流域的水文,改变下游的干旱和洪涝模式。珍贵的栖息地和生态系统也会由此丧失,浸没在水中的植被的分解也将产生大量的甲烷等温室气体。

由于西方国家的银行不断向发展中国家放贷,债务危机在 1982 年墨西哥拖欠偿还贷款时首次出现。尽管早期迹象表明一些国家早些年在债务重新谈判上就出现了困难。20 世纪 80 年代初,美国提高银行利率的做法对负债国产生了双重影响:既要增加用来偿还美元债务的当地货币量,又要提高每年的利息收费。随着一连串的国家陷入危机,相关国家出台了一揽子救援计划,以防止进一步违约。这一时期的借贷数量庞大,以至于发展中国家都拒绝偿还债务,全球银行体系的稳定性也受到了威胁。

债权国对此次危机的反应是采取一切必要措施防止普遍违约,以及防止由此蒙受的严重经济后果。由于债务国难以偿还债务,重新落实的债务偿还计划通常由国际货币基金组织(International Monetary Fund,IMF)安排。

为了增加短期现金流,除了将最初商定的债务协议延期外,还将减少每年的资本偿还额,并进一步发放贷款。这一举措给债权国和债务国留下喘息的余地,但并不是一个长久之计。负债的户主为避免银行破产,必须减少消费,提高收入。利用同样的逻辑,国际货币基金组织实施的"结构调整计划"(Structural Adjustment Programmes,SAPs)作为帮助重新安排偿还计划的条件,要求债务国缩减公共支出、减少进口产品和服务,并尽可能增加产品和服务的出口。一段时间之后,债务人可以通过破产来逃避无法偿还的债务,并注销账户,重新开始。但对负债的国家而言,则没有如此规定,债务一旦发生,就会一直持续下去,即便是要几代人来偿还,也要还清。

SAPs 的效果与可持续发展的三个关键原则完全背道而驰。国与国之间和国家内部的不平等现象都有所增加,而不是增加公平。实行 SAPs 使债务国陷入债务不断增加的漩涡,大部分的国民生产总值只能用于偿还外国银行的款项。随着健康和教育支出的削减,社会福利的下降严重影响了债务国的城市和农村贫困人口。国家未来的几代人也会受到很多不利影响:在经济层面,出生于原始债务之后的一代人将在新计划的安排下负责偿还债务;在社会层面,健康和教育支出的减少会影响未来一代人的发展;在环境方面,同样也有很多负面影响。

发展中国家主要靠大宗货物增加收入,而非工业制成品。出口的压力迫使发展中国家用粗暴短期的生产方式来生产大宗货物,而这会对环境造成破坏,同时也会对资源进行长期消耗(如专栏 7.2 中的例子)。其他一些例子如下:在南美和印度尼西亚,人们对雨林进行不可持续的砍伐(皮尔斯-柯尔弗和雷索苏达摩,2001);东非花卉和高级蔬菜园的杀虫剂污染(马哈拉杰和达伦,1995);尼日利亚石油开采导致了土壤和水道污染(伊可恩,1990)。这些都是环境问题,对当下和未来都会造成严重影响。由于发展中国家每年必须生产大量的商品来维持其出口收入,就加剧了国际市场上大宗货物的价格低廉问题。这些较低的价格一部分是由受 SAPs 刺激的出口国间的全球竞争加剧所导致的。

图 7.1 显示了近年来发展中国家/地区债务状况的改善情况。西方政府迫于发展中非政府组织(NGOs)要求解决这一问题的压力,采取一些了主动行为,如注销负债最多的国家/地区的债务。最初,它们引入了小规模倡议,将债款转化为赠款;1996 年,"重债穷国计划"(Heavily Indebated Poor Countries,HIPC)紧随其后。这一计划的目的是确保每一个贫穷国家/地区可以减轻其难以负担的债务,只要这些国家/地区能证明其可进行良好的经济管理即可。1999 年,HIPC 扩大了实施范围,降低了被视作难以负

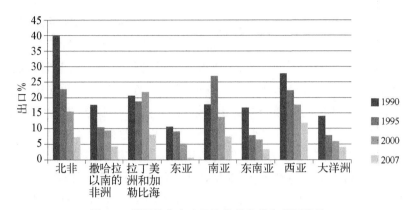

图7.1　偿还债务占出口和海外净收入的百分比

资料来源：联合国(2009)。

担的债务门槛，并列入一项资格要求，即必须在获得救济资格之前实施一项国家减贫战略。2005年签署的"多边债务减免倡议"则更进一步，它旨在取消大多数实施HIPC的国家对世界银行和国际货币基金组织的债务。然而，一些国家因为无法满足经济管理或降低贫困方面的条件而被排除在方案之外。

以国际经济和社会正义千禧年运动(Jubilee Movement International for Economic and Social Justice)(国际组织)为代表的发展团体继续呼吁完全免除所有贫穷国家/地区的债务。但是，即使这个目标实现了，也未必能防止今后产生更多的债务。如果想要避免未来由于负债而出现问题，就需要发展中国家/地区进行可持续财富创造。所以，有必要审查各国之间贸易的规则，以及它们协助或阻碍经济可持续增长的程度。

五、贸易

对于发展中国家而言，国际贸易是至关重要的。根据古典经济学理论，良性竞争和自由国际贸易会促进经济增长，也会加快国际贸易，解决贫困的方法就是创造财富。在全球经济衰退时期，较贫穷国家承担着不成比例的损失，因为其对大宗货物的需求随着出口额和单位价格的下降而下降。第八章解释了自由市场在经济效率和财富创造方面的作用。然而，它也提出了真实的自由市场方法的不兼容性和可持续标准的三个关键：公平性、未来性和重视环境。

贸易能够创造财富，消灭贫困，这一潜在作用十分明显。但实际上，正如专栏7.2所显示的那样，国际贸易会产生相反的作用。这一切都取决于规则是如何制定的,需要什么以及如何执行。制止不公平的做法离不开制定贸易规则,比如征收高额进口关税,作为壁垒,它可为国内产业提供了不公平的优势。这显然是处于相同发展阶段的国家应该避免的。如果 A 国对一系列商品征收了高额关税,B 国、C 国和 D 国也会这样做。这样就会形成逐渐加剧的破坏性贸易战,每个参与者都将失去贸易的优势。

然而,应该允许发展中国家保护更脆弱的经济,至少在短期或中期内保护一些新生的甚至是已经形成的国内产业(常,2007)。毕竟,欧洲和北美洲的工业发展是在保护主义关税壁垒的保护下进行的。政府对农业、工业和服务业的补贴也会造成潜在的不公平。类似的观点认为,对出口商品进行补贴本身也是不公平的,但也有理由鼓励较贫困国家发展特定的产业。

负责监管国际贸易的机构是世界贸易组织(The World Trade Organization, WTO)。第二次世界大战结束时的谈判产生了关税和贸易总协定(关贸总协定)(the General Agreement on Tariffs and Trade,GATTA)。1986—1994 年,所谓关贸总协定乌拉圭回合(Uruguay Round of GATT)谈判的协定和世界贸易组织(WTO)的建立取得了极大的自由化进步。该组织(世界贸易组织,2008)的原则是,全球贸易体系应该做到:

● 非歧视原则,任何国家都不应该歧视贸易伙伴,不应该为了本国产品、服务和国民而歧视其他国家,要一视同仁;

● 进一步自由化原则,通过谈判消除贸易壁垒;

● 可预测性原则,这样贸易壁垒就不会被随意抬高;

● 更具竞争性原则,阻止进行出口补贴和以低于成本的价格倾销商品来获取市场份额;

● 对欠发达的国家采取优惠待遇原则,给予它们更多时间调整、更大的灵活性和特权。

WTO 声称,该管理体系有很多优点:促进贸易和有效的财富创造,允许国家间的贸易争端按照约定的规则和程序解决,而不诉诸战争(世界贸易组织,2008)。然而,也有人批评该组织的运作,他们认为那些规则对贫穷国家不公平,也会对环境造成破坏(常,2007:74—77)。坚持降低关税壁垒能让发达国家进行良性竞争,但也会给发展中国家的新生和脆弱产业带来致命危机。世界贸易组织关于环境和消费者安全的标准规则明确规定了最高标准而不是最低标准,从而使所有的国家都达到同一水平上:把所有生产者都放在同一个全球竞争环境中,而不考虑小生产者(农民、发达国家或发展中国家的小企业)和跨国公司(MNCs)之间权力的不平衡。这种权力来自 MNCs 的经济力量,但其本质既是经济力量也是政治力量。西方国家的既得利益者,如农民或钢铁生产商,也比发展中国家的更有力量。

2001 年 11 月,世界贸易组织新一轮多哈回合(Doha Round)谈判开始,这一轮谈判预计耗时 3 年或者更长时间完成。在写本书之时(2010 年初),谈判陷入僵局,发达国家和发展中国家无法就减少发达国家(如英国、美国)对农业的补贴以换取发展中国家降低工业品税达成一致。批评人士指出,完成多哈回合谈判极具紧迫性,特别是对当前受经济衰退影响的发展中国家而言(国际乐施会,2009)。

关贸总协定只涉及商品和制成品;乌拉圭回合还就服务贸易总协定(the General Agreement on Trade in Services,GATS)进行了谈判。GATS 寻求开放对电信、银行业、旅游业和保险业等服务行业的投资。协定最终可能会扩展到一些国家选择在公共资金基础上运行的业务,如供水、教育和健康等行业。这就会导致一些担忧,发展中国家目前的补贴条款可能会被西方国家的公司购买并私有化,使其超出最贫困国家的范畴。持反对意见的人认为,竞争会降低价格,使消费者受益(世界贸易组织,2008),但不利于那些曾经在需求点上是免费的服务用户。

如果谈判最终完成,那么多哈回合谈判将不得不协调各国在贸易和环境问题上的巨大分歧。可持续发展、优化利用世界资源和保护环境是世界贸易组织的基本原则之一。然而,各国试图以产品会破坏环境为理由而限制进口,但这些政府行为已被关贸总协定制止。美国对墨西哥金枪鱼(Tuna)提出禁令,理由是抓捕金枪鱼使用的渔网在捕捞的同时也会杀死海豚,而这一禁令被 WTO 驳回。规则明确要求此类禁令必须有科学依据,类似于对动物幸福这样的伦理担忧,或者是消费者在诸如"转基因"产品上的担忧,都不足以构成下达禁令的理由。正如第四章中所提到的,科学本质和科学方法意味着,当出现环境问题时,"证明"导致问题的因素和问题本身之间的联系往往是很困难的。

在多哈回合谈判中提出的几项原则中,欧盟尤其主张优先考虑环境保护,包括采用预防性原则(Precautionary principle)(见第四章),这样,科学决定的天平将向环境保护而不是自由贸易倾斜。在这方面,可能会遭到已预见到本国商品会被歧视的许多发展中国家的反对,因为这些国家缺乏最新的"绿色"技术以及相关的资金投入。有人怀疑,这些规则的动机不那么环保,更多的是会为那些有多余财力用于环境保护的发达国家提供不公平的优势,它们有闲钱用于环境保护,因为它们觉得这是很自然的事情。即使欠发达国家接受了可持续发展的原则,其国民的赤贫也会迫使它们在短期内先解决财富创造问题。

影响多哈回合谈判最终结果的一个因素是发达世界的公众舆论,在发达国家,选民和消费者越来越认识到债务、贸易和贫困之间的关系。在可持续消费方面,欧洲主流零售店中公平贸易的商品的可用性和受欢迎程度急剧上升。由非政府组织进行协商和认证的公平贸易计划,为巧克力、咖啡等小商品生产者提供了长期合约,前提是他们达到了一定的工资标准,也满足了对童工和环境保护的要求。正如 2000 年国际经济和社会正义千禧年运动就减免债务问题给西方政府施压一样,贸易中的不平等问题很可能在正在进行的世界贸易会谈中呈现上升的政治态势。

六、环境

(一) 1992 年的地球峰会

与世界贸易组织的贸易谈判一样,一些国际机构在全球或地区一级就环境问题达成协议。在这些机构中,最重要的是联合国(UN)及其附属机构,如联合国环境规划署(UNEP)。1992 年的联合国环境与发展会议(United Nations Conference on Environment and Development,UNCED)是一个分水岭,标志着各国政府普遍接受可持续发展的概念,同意将可持续发展作为调节促进发展、现在或长期保护环境的手段。后来证明,UNCED 在全球可持续发展方面取得的进展是有限的,但存在的困难并没有削弱此次会议的重要性。

联合国环境与发展会议又称里约会议(Rio Conference)或地球峰会(Earth Summit),180 多个国家和地区及 60 多个国际组织和团体的代表参加,有 102 位国家元首或政府首脑出席并发表讲话。发达国家和发展中国家的非政府组织同时举行了一系列会议,这些会议被视作在涉及有关发展和环境问题斗争中压力集团的一个关键点。会议在布伦特兰报告(Brundtland Reprot)(第二章)发表后 5 年内举行,并以报告的形式进行,它取得了一定进展并在其基础上继续推进。虽然讨论的问题错综复杂,形形色色的政府代表和非政府组织的游说者们存在利益分歧,但最终以四项主要倡议达成了一致性宣言:
- 《二十一世纪议程》(*Agenda 21*);
- 《联合国气候变化框架公约》(*United Nations Framework Convention*

on Climate Change ，FCCC）；

●《生物多样性公约》（*Biodiversity Convention*）；

●《关于管理和保护世界森林的原则声明》（*Statement of Principles on the Management and Conservation of the World's Forests*）。

（二）《二十一世纪议程》

这是 21 世纪迈向更加可持续发展模式的行动纲领。该文件共有 40 个章节，600 页，涉及范围广，超越了原则和政策问题，是处理一些具体问题的执行建议（联合国发展与环境会议，1993）。简而言之，制定《二十一世纪议程》，旨在使它成为一本可供可持续开发人员使用的实用手册，手册中的每章都聚焦于特定的群体或机构，包括女性、青年、原住民、工会成员、科学家和技术专家、商人或地方当局……此处的罗列并不完整，但列表给出了这个手册中涉及的领域。有关可持续发展的解读十分宽泛，所以文件提出了保护环境资本、通过经济增长减轻贫困，并赋予被剥夺权利的人民权利的措施。

自 1992 年以来，《二十一世纪议程》的实施进展缓慢且有限。许多国家制定了可持续发展战略，以作为对《二十一世纪议程》的回应，并为此启动了一些有趣且有价值的项目。发达国家和发展中国家的地方当局、公司和志愿组织也纷纷效仿。但是在全球范围内，有关环境和发展问题的进展一直不稳定。为了"抵消"通常只发生在发达国家的环境保护成功案例（见专栏 7.1），有充足证据表明环境问题又出现了新的或更严重的问题。在贫困方面，本章前面指出，最近的进展缓慢的速度受到目前全球经济的衰退的威胁。

造成这些失败的原因很复杂，包括前面讨论过的贸易和债务问题。但是，《二十一世纪议程》本身之所以在全球贫困和环境恶化方面产生问题，一个主要原因就是缺乏资金。对资金的需求是早就预料到的，负责这个问题的机构是全球环境基金会（Global Environment Facility，GEF）。这个基金会之前就存在，由世界银行、联合国开发计划署（UNDP）和联合国环境规划署（UNEP）三方共同管理。全球环境基金会建立的目的是帮助发展中国家和解体经济体的国家，为它们提供应对气候变化、生物多样性、国际水污染和臭氧层空洞等全球环境倡议的额外费用。但与从南向北的相反方向的债务偿还相比，这些国家可从全球环境基金会获得的资金总额一直很小。

（三）《联合国气候变化框架公约》

顾名思义，《联合国气候变化框架公约》是为未来的国际谈判设立一个

框架,而不是约束减排目标。其目的是:

> 使大气温室气体浓度稳定在一个水平,在足以让生态系统自然适
> 应气候变化的时间框架内,防止对气候系统造成危险的人为干扰,确保
> 粮食生产不受威胁,经济发展以可持续的方式进行。
>
> (《联合国气候变化框架公约》秘书处,1992)

公约以公平原则、共同但又有区别的责任和预防措施为基础。从一开始,人们就认为,发达国家在哈丁模型(Hardin's Model)中就像普遍拥有更多牛的房主,它们的人均二氧化碳排放量比那些欠发达的"邻居"要多得多。如果发展中国家减少甚至是稳定排放量,它将严重削弱其创造财富与解决贫困问题和增加的人口问题的能力。简单来说,这些原则十分清晰。正如专栏 7.3 所解释的那样,这些原则已经扩展成"收缩和聚敛"(Contract and Converge)的概念。然而,将其转换在全球层面并建立一个有约束力的排放监管机制所需要的复杂安排已经花费了 20 年的时间,却仍只是取得了不稳定的进展(施耐德等,2010)。

专栏 7.3

收缩和聚敛(Contract and Converge)

收缩和聚敛(Contract and Converge,C&C)模型由全球共同体研究所(Global Commons Institute)研发,旨在协调温室气体稳定和全球公平性两个目标。图 7.3.1 说明了采取该模型时全球不同地区的预测排放的一种可能方案。

收缩

收缩的关注点是全球总排放量的减少,以图表上最高线为代表。政府间气候变化专门委员会(IPCC)的第四次评估报告预测,如果 21世纪全球累计碳排放量能从 670 千兆吨(gigatonne carbon,GtC)的"照常营业"减少到 490 千兆吨,那么大气中的温室气体含量可以稳定在450 ppm 的水平上。这将很好地保持地球表面的温度,"最好的预测"即工业化前上升 2.1 摄氏度,然而在稳定之后,气候变暖和海平面上升

也将持续几个世纪。图7.3.1是以450 ppm为稳定目标做出的,但这个模型可以设定以更低(如400 ppm)或更高(如550 ppm)的目标来运行。降低稳定值会提前出现峰值,并降低全球排放峰值;提高稳定值会推迟峰值出现,但会抬高峰值。

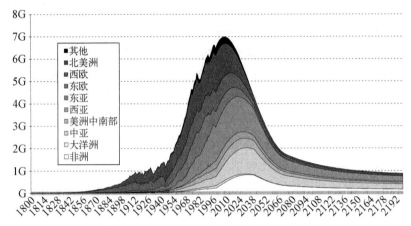

图 7.3.1   收缩和聚敛:地区排放量(千兆吨)

版权© 1997—2010,归全球共同体研究所所有。版权所有,经许可后使用。

聚敛

聚敛是整个曲线的区域轮廓。图7.3.1显示,贫穷国家的排放峰值出现在发达国家之后。C&C模型是基于全球公平原则而开发出来的。与此同时,各区域内各个国家的排放量也将趋于一致,因此,随着时间推移,全球人均排放权将变得相当。图7.3.1显示,2040年是一个收敛日期。在这种情况下,如果收敛发生得较快,发达国家的排放量将迅速下降,以补偿发展中国家中期增长的排放量。另外,收敛也可以发生得更慢些,在这种情况下,贫穷国家排放量上升的范围缩小了。要注意,C&C模型是建立在应有的权利的基础之上的,而不是建立在实际排放的基础上的,因此,排放量低于其应享权益的贫穷国家可以得到较富裕的国家的贸易补贴。

该模型因将环境要求和气候正义结合起来而受到称赞,也得到了很多褒奖。C&C模型没有考虑到发达国家的历史排放责任,也没有考虑国家内部的公平问题。一些非政府组织已将这一模型延伸成"温室气体发展权力框架"。这一分配考虑了过去(1990 年起)的责任和目前各国的缓解能力,其将适用于发达国家和发展中国家的富裕公民。

参考文献

巴斯金(Baskin,2009);全球共同体研究所(Global Commons Institute,2008)。

网址

全球共同研究所:http://www.gci.org.uk/。

问题讨论

● 《联合国气候变化框架公约》和《京都议定书》的哪些特点可以帮助实施 C&C 模型?

● C&C 模型更可能通过政府管理或治理实现吗?

自 1995 年开始,公约就开始举办年度缔约方会议(Conference of Parties,COP)。"缔约方"是已经认可该公约的国家。第一届 COP 于 1995 年在柏林举办,其开始针对有约束力的目标进行谈判,直至第三届 COP (1997),才在《京都议定书》中达成共识。

《京都议定书》规定了发达国家/地区(见表 7.1)对六种主要温室气体即二氧化碳、甲烷、一氧化二氮、氢氟碳化物、全氟化碳、六氟化硫的排放目标。《京都议定书》以 1990 年为基准年,规定了二氧化碳、甲烷、一氧化二氮(1995 年为另外三种温室气体的基准年)的排放量;以 2008—2012 年作为合规窗口,表 7.1 中列出了发达国家/地区的减排(或限制增加)目标。

表 7.1　发达国家/地区在《京都议定书》中承诺的减排目标(1990 年为基准年)

国家/地区	目标(2008—2012 年)	国家/地区	目标(2008—2012 年)
澳大利亚	+8	丹　麦	−8
奥地利	−8	爱沙尼亚	−8
比利时	−8	欧　盟	−8
保加利亚	−8	芬　兰	−8
加拿大	−6	法　国	−8
克罗地亚	−5	德　国	−8
捷克共和国	−8	希　腊	−8

国家/地区	目标（2008—2012 年）	国家/地区	目标（2008—2012 年）
匈牙利	−6	波　兰	−6
冰　岛	+10	葡萄牙	−8
爱尔兰	−8	罗马尼亚	−8
意大利	−8	俄罗斯	0
日　本	−6	斯洛伐克	−8
拉脱维亚	−8	斯洛文尼亚	−8
列支敦士登	−8	西班牙	−8
立陶宛	−8	瑞　典	−8
卢森堡	−8	瑞　士	−8
摩纳哥	−8	乌克兰	0
荷　兰	−8	英　国	−8
新西兰	0	美　国	−7
挪　威	+1		

资料来源：《联合国气候变化框架公约》秘书处(1997)。

目标的变化反映了不同情境下缔约国的协定。冰岛和挪威成功获许在这期间可以增加排放量，因为这两个国家已经使用了大比例的可再生能源，并且发现如果不增加化石燃料的使用，将很难继续发展它们的经济。俄罗斯和乌克兰在经历苏联解体后，很多能源密集型工业快速崩塌，被认为在《京都议定书》规定的期间内几乎无须采取任何措施就可以减少排放。但这些国家成功地通过谈判达成了一个稳定的目标。

在计算其对这些目标的执行情况时，表 7.1 中的国家能够计算土地使用项目，只要这些项目与 1990 年以来的造林、重新造林和森林砍伐有关，就可以得出二氧化碳净吸收与实际排放的关系。

除了在自己的边界内减少排放，表 7.1 中的国家也可以通过《京都议定书》中规定的以下两种方式和其他国家进行合作。

● 排放交易（emission trading）（见第八章）允许超过指标的国家购买未超过指标的国家的排放指标，因此，俄罗斯和乌克兰将会发现它们的实际排放量和指标排放量之间的差额是最赚钱的。

● 联合实施，旨在奖励与其他国家或发展中国家（如表 7.1 中的国家）建立伙伴关系，资助和促进技术转让或土地利用项目，从而减少净排放量。这个资助国家将能够根据自己的实际排放量来设定另一个国家的计算排放量。但是，要想获得认可，必须证明资金、活动和减排量本来就会发生（无论是通过正常的市场力量或现有的帮助或环境规划)。这被称为额外标准。实际上,额外性标准很难确定,因此又进一步削弱了《京都议定书》的实际效用(而非名义上的减排)。

2001年3月,当新上任的总统乔治·沃克·布什宣布美国将不再承认《京都议定书》时,《京都议定书》在其效力上受到致命一击。20世纪90年代,生活在美国的占世界总人口的4.7%人产生了近25%的全球二氧化碳排放量;预计到21世纪,这些排放量会迅速增加。美国采取的这一单边行动明显抑制了其他参与方承担削减自身排放的成本,而美国则是自由的,从不受限制的化石燃料使用中获得经济优势,同时潜在地从减少全球环境变暖的优势中受益。然而,尽管澳大利亚也加入美国的阵营,表示不会签署《京都议定书》,但具体操作细节已经敲定,该议定书最终于2005年2月生效。

总有人认为,有关《京都议定书》的后续协议将很难开展谈判。2007年在巴厘岛举办的第13届COP会议制定了"巴厘路线图"(Bali roadmap),承诺各方在2009年哥本哈根会议上就《京都议定书》的后续协议达成一致。在本书写作之际,哥本哈根峰会(COP15)未能就2012年后的减排目标达成具有法律约束力的减排协议,这使得公约的未来充满了不确定性。

尽管美国总统从乔治·沃克·布什变成了巴拉克·奥巴马,很多参议员也对奥巴马的其中一个竞选口号——承诺到2050年大幅减少美国温室气体的排放——持怀疑态度,但这只是限制了他在哥本哈根会议上的行动范围。除此之外,《京都议定书》的任何后续协议需要涉及的不仅仅是表7.1中所列的国家/地区。巴厘岛会议上决定,如果想要稳定全球温室气体的排放水平,排放量增长较快的发展中国家如印度和巴西也需要遵守有约束力的减排目标。一些国家并不愿意这样做。因此,哥本哈根峰会的成果仅限于《哥本哈根协议》,一些国家自愿承诺减排(如中国承诺降低其经济的碳强度),以及承诺为减少和适应气候变化提供资金。

(四)《生物多样性公约》

这一公约有两个不同的主题。第一个主题,签署国就在物种和生态系统层面保护生态多样性达成协议,并促进生物资源的可持续利用。这源于工业化国家长期以来对栖息地(尤其是热带雨林)和物种丧失的担忧。第二个主题更多反映的是发展中国家的议程,它寻求在商业上(使用遗传资源的过程中)确保经济利益的公平分配。

到2009年底,共193个国家加入了《生物多样性公约》。与FCCC一样,它定期举行缔约国会议(COPs),已为海洋和沿海生物多样性、农业生物多样性、森林生物多样性、内陆水域的生物多样性以及干旱和半湿润土地的多样性建立了五个工作方案。每个部门都规划了未来工作的愿景和指导原则,列出了需要考虑的主要问题,明确了可能的结果,并为实现这些结果制作时间表和寻找方法途径。除了这些方案之外,还成立了"跨领域"(cross-cutting)倡议。正如最初公约所设想的那样,有些问题与所有这些部门都有关联。这些问题是:

● 生物安全(如转基因生物);

● 公平获取遗传资源、传统知识、创新和实践的能力(特别是这些资源有待发展中国家开发却被跨国公司利用的时候);

● 知识产权;

● 指标和激励(见第八章);

● 分类学(taxonomy);

● 公众教育和意识;

● 外来物种引起的问题,与环境不适应的问题。

(五)《关于管理和保护世界森林的原则声明》

正如标题所显示的那样,这个协议比最初预期的环境发展会议的《森林公约》(*Forest Conversation*)更没有约束力。森林问题之所以会被列入地球峰会,是因为与生物多样性一样,发达国家对全球森林覆盖率的萎缩,特别是热带地区森林覆盖率降低的担忧。协议没能就问题的双重标准达成共识。发展中国家强烈反对限制它们对自己国家境内的自然资源的使用,并指出欧洲大部分地区已经消耗光了当地的树木,因为它们是工业化进程的重要组成部分,而北美和欧洲仍存在不可持续的林业行为。因为美国、加拿大和斯堪的纳维亚半岛的国家不愿意做出必要的财政牺牲来确保温带森林的可持续管理,所以很难期望贫穷的热带国家采取必要的行动。

虽然该原则声明十分合理且意义深远,也涉及森林的社会、经济和环境价值,并认识到当地居民参与管理决策的必要性,但该原则声明并没有采纳任何执行计划。这一倡议现已被纳入《生物多样性公约》森林多样性工作项目中了。

(六)约翰内斯堡(Johannesburg)首脑会议及其他

1997 年,地球峰会在纽约召开,此次会议被称为"地球峰会Ⅱ",但除了注意到发展中国家和环境组织在环保方面缺乏进展和令人感到失望之外，没有取得任何有效进展。2002年，世界可持续发展论坛在约翰内斯堡举行。此次会议的起点是，自从里约会议召开后，重要的协议已经推行了10年之久，但不公平现象和环境退化仍在恶化。此次会议所需要的是把重点放在实施战略以确保可持续发展上。

世界可持续发展峰会（2002）制定了一些新目标，比如：

● 截至2015年，将无法获得基础卫生设施的人口比例减半；

● 截至2020年，生产和使用化学品的方式不会对人类健康和环境造成重大不利影响；

● 尽可能在2015年实现——维持或恢复已枯竭的鱼类资源，使其能够在紧迫的基础上产生最大的可持续产量；

● 截至2010年，生物多样性减少的情况得到显著改善。

这些目标不仅由与会各国政府通过，还被峰会上的非政府组织和企业所采用。为了开展项目和传播成功的当地实践，会上建立了300多个自愿合作伙伴关系，希望发达国家和发展中国家及世界组织能够直接参与首脑会议进程，消除政策和实施之间的一些障碍。但是，本次峰会未能获得全球环境基金会的额外资金，也未能向发展中国家转让可再生能源技术。

七、展望未来

"里约＋20地球峰会"（Rio ＋ 20 Earth Summit）计划于2012年在巴西召开，峰会的主题是和平与安全。越来越多的全球环境问题被视作安全问题，因为环境变化和资源稀缺带来了移民问题（如从与撒哈拉沙漠接壤的国家迁移到欧洲）和武装冲突（沙漠化和油田的控制权加剧了苏丹内战）（吉登斯，2009：203）。表面看来，这为环境问题的安全化带来了希望，它们将会崛起，并吸引更多资源。然而，用这种方式构建环境问题，可能会扭曲政策反应，使其从只是寻求解决方案转向寻求缓解安全有关的症状。

本章以欧洲硫排放对环境造成破坏的成功管理案例（见专栏7.1）为开端（尽管这是一个基于发达国家的例子）。如果可持续发展能够取得进展，即使有里约会议以来的不良表现，这种办法也必须转移到全球层面上，发达国家和发展中国家须合作，共同建立公平的治理结构，并尽可能公平地分担行动的成本费用。还必须延伸到环境领域之外，以接收社会和经济发展问题，包括世界贸易规则。多哈回合谈判的进展缓慢不仅表明协调不同利益群体之间的矛盾很困难,而且也说明发展中国家开始对国际议程拥有一定的影响力,哪怕只是拖延谈判。哥本哈根峰会存在同样的问题。

从本章内容可以知道,在确定可持续发展的障碍时,经济和贸易问题往往是最突出的障碍。因此,第八章会研究经济是否总会阻碍可持续发展,或者它是不是实现可持续发展的根本。

──────────── **拓 展 阅 读** ────────────

亚当斯(Adams,2008)全面概述了发展中国家实施可持续发展理论所面临的困境。哈斯拉姆等(Haslam et al.,2009)学者对同一问题进行了文献搜集整理,包括第二部分对国际管理机构出现的分析,本章内容中也有描述。辛格(Singer,2002)认为全球化带来了一系列道德问题,萨克斯(Sach,2008)提出了一些解决环境和发展问题的办法。联合国环境规划署(ENEP,2010)审查了国际环境治理和进一步集中决策的利弊,比如世界环境组织的建立。多尔比(Dalby,2009)回顾了环境政策证券化的兴起过程。

可以参考斯蒂格利茨(Stiglitz,2002)对世界银行和 IMF 提出的 SAP政策的尖锐批判。虽然该文作者是获得诺贝尔奖的前世界银行首席经济学家,但这是一篇通俗易懂的文章。关于债务危机起源的历史可以在哈隆(Hanlon,2009)那里找到。

──────────── **网　　　址** ────────────

2012 年全球峰会:http://www.earthsummit2012.org/。

公平贸易基金会:http://www.fairtrade.org.uk/。

《联合国气候变化框架公约》:http://www.unfccc.int/。

全球扶贫项目:http://www.globalpovertyproject.com/。

政府间气候变化专门委员会:http://www.ipcc.ch/。

千禧年债务运动:http://www.jubileedebtcampaign.org.uk/。

联合国环境规划署:http://www.unep.org/。

世界发展运动:http://www.wdm.org.uk/。

世界贸易组织:http://www.wto.org/。

第八章 环境经济学

本章将：
- 介绍环境经济学的原则；
- 讨论政策制定者可利用的经济手段；
- 评价环境评估的方法和指标；
- 介绍一些解决经济问题的根本途径。

一、为什么经济学重要

前面章节已经明确了经济学在环境政策制定和可持续发展中的中心位置。第一章介绍了环境资本和经济基础中资源和废物的定义；第二章明确了公地悲剧两难的经济模型与评估环境和未来的困难；第三章确立了经济在满足人类需求并因此实现可持续发展方面的核心作用；第五、六、七章中反复出现经济学的话题，介绍了经济学在企业、国家和国际层面政策制定环中的重要作用，最后讨论了在实现全球公平和可持续发展的过程中，全球化和国际贸易带来的壁垒问题。

政策制定者需要熟悉经济学内涵，不仅要理解环境问题产生的根源，还要能够在不耗尽环境资本的情况下，对当下在满足人类需求时反复出现的问题提出创造性的解决方案。经济学的延伸理论对环境政策制定很重要，皮尔斯和特纳(Pearce & Turner,1990)明确了与延伸理论相关的三个关键问题：目标的定义(效率还是公平？ 创造财富还是保证生活质量?)，评估内在价值和客观价值的困难，在经济学分析中构建可持续标准的困难。这些问题将在本章中反复出现。

二、经济学和环境

(一) 供给和需求

经济学解释的是消费者和生产商所做的选择会如何影响商品数量及其价格。经济学理论的核心是描述自由市场运作的供求法则。如果市场的参与者能够进行自由交易,商品价格也不受操控(如政府的价格管制),那么,此时该市场就是自由市场。市场中互相竞争的生产商和消费者是形成自由市场的另一个必要条件。如果一个市场满足了所有这些条件,那就可以称之为完全竞争市场。

价格是供求法则的一个必要组成部分,因为它能给生产者和消费者传达重要信息,生产者希望能以一个适当的价格卖出他们生产的商品,消费者可能希望在价格合理时购买商品。完全竞争市场下的买和卖是允许生产者根据消费者需求调整商品价格,直至达到均衡价格的,但只有在存在许多处于竞争状态的生产商时才会达到均衡价格。如果市场中只有少数厂商提供某种商品,他们就有可能共谋,使产品价格高于均衡价格,虽然卖出的单位数量较少,但每单位商品的价格更高,以确保更大的整体利润。竞争为生产者提供了降低价格的动机,他们的产品价格要和其他厂商的基本持平,因为价格过高的商品可能会卖不出去。

当然,市场环境的变化会改变市场特征。如果:
● 投入的成本(劳动力、原材料等)改变;
● 新技术的出现降低了生产成本;
● 政府调控更为严格或是更为放松(如要求减少污染物排放的规定);
● 首次征收的排污费或排污税增加或减少。

那么生产者可能会更愿意(或更不愿意)出售商品,从而降低(或提高)市场上任何数量商品的单位价格。

市场也会依消费者行为或态度而改变。有些商品价格剧增,但对需求量几乎不会产生影响。在这种情况下,市场对该商品的需求缺乏弹性。相对而言,需求弹性大的话,产品价格不同,需求量也会显著不同。一个典型的相对缺乏需求弹性的例子就是汽油,当价格上升时,购买量变化小;消费者会继续为他们的汽车购买汽油,如果必要的话,就削减其他商品的开支。

（二）市场和可持续性

自由市场的运作和供求法则如何影响环境政策和可持续发展？当然，市场推动力能通过满足供求关系和强迫竞争者提高效率来实现经济效率。这会给环境带来一个重要影响，市场会鼓励有效利用资源并抵制浪费。然而，市场自身无法达到符合可持续发展的结果。考虑到公平性、未来性和环境估值等可持续性的关键标准，原因就变得清晰起来。

（三）公平性

从狭义上看，在以完全竞争为基础的经济模型中，效率与公平无关。社会公平对结果来说也绝非偶然。需求曲线只记录了那些有足够资金参与交易并且愿意支付的人的意愿，所以穷人的需求一文不值。那些市场需求量大且拥有技能的人将获得高工资和拥有高购买力，而那些技能较差或因残疾不能工作的人将依旧贫穷。

（四）未来性

类似地，在遥远的未来，市场是可以忽略的。试想，在一个零通货膨胀的世界，你将得到 100 英镑，你需要选择立即得到它还是 1 年后得到。即使你知道货币不会由于未来 12 个月内的通货膨胀而贬值，你还是会几乎确定地要求立即得到货币。造成这一现象的原因有两个。

● 时间偏好：即晚有不如早有的欲望。在经济增长阶段，出现这种不耐烦的情绪是因为你认为自己未来会比现在富裕，所以那时的 100 英镑对你的意义不如现在大。

● 资本生产率：现在有了钱，就可以在未来的 12 个月里进行投资，生产出更多财富，或购买当下就可用的商品。

因此，未来的货币的价值比现在低。低多少取决于当时的贴现率。贴现是经济学家常用的一种技巧，在评估投资决策的可变性（这会导致一段时间内产生收入流和费用流）时，允许货币的终值（Future Value，FV）下降。贴现率作为反向利率，年复一年地增加（见表 8.1）。贴现率越高，周期越长，为吸引投资者，未来的预期回报必然也就更大。

另一种解释的方法也是经济学家最常用的：贴现率越高，未来成本和收益的现值（Present Value，PV）就越低。现值就是使用复合贴现率计算价值时未来某笔钱在当下的价值。

表 8.1 不同贴现率下 100 英镑的终值

贴现率	现在(第 0 年)	第 1 年	第 2 年	第 10 年	第 50 年
1%	£100	£101	£102	£110	£164
2%	£100	£102	£104	£122	£269
5%	£100	£105	£110	£163	£1 147
10%	£100	£110	£121	£259	£11 739

表 8.2 展示了在不同贴现率下,未来 100 英镑的现值。净现值(Net Present Value,NPV)是在给定时间内所有贴现成本和收益的总和。一般来说,拟建一个核电站需要评估 40 多年,但实际中评估时间通常较短。从经济学的角度来看,如果净现值在规定的贴现率下是正的,那么可以认为投资是有价值的。当未来收益不确定时,就会使用更高的贴现率来体现投资者承担的风险。

表 8.2 未来 100 英镑在不同贴现率下的现值

贴现率	1 年期 100 英镑的现值	2 年期 100 英镑的现值	10 年期 100 英镑的现值	50 年期 100 英镑的现值
1%	99	98	91	61
2%	98	96	82	37
5%	95	91	61	9
10%	91	83	39	1

当用贴现的方法评估具有巨大的代际(inter－generation)成本或收益的项目时,会出现非理性后果,例如,塞文河大坝(Severn Barrage)(见专栏 4.3)和原子能发电(见专栏 8.3)。一般情况下,长期成本(如工厂或设备的昂贵的停运费用)和长期收益(如现在决定种树,50 年后会长成成熟的树林)的价值都会在决策者使用贴现率时减少。随着更高贴现率的使用和时间的推移,这种减少也会增加。由此带来的影响是固有的不公平——有利于当代人但要牺牲子孙后代的福利。

专栏 8.1

平衡代际成本

由于核电站的建造成本高昂,所以其资本成本很高。核电站在退

役阶段也会产生巨额开支,可以延续到它建成后的 200 年。除此之外,一些核废物还可能在未来几千年里对环境造成破坏。

美国的放射性废物管理政策已经尝试去平衡代际成本和收益了。高放射性废物(High-Level waste,HLW)主要产生于燃料棒,将其从核电站中移除是主要问题。这些废料需要在特殊的条件下贮藏,并且只能在特制的存储库中进行处理、深埋地下。

联邦政府最终负责处理 HLW,并于 1982 年通过了《核废料政策法案》(*Nuclear Waste Policy Act*)。因此,美国能源部负责研发处理 HLW 的设备。消费者使用核电站所发出的电,政府对此征税,并将其用于研发设备,从而确保电力消费者对该项目做出了贡献。

该法案规定,在最初的 10000 年(也就是到公元 12000 年)里,受存储库影响,过早死于癌症的人必须少于 1 000 人。如果知道放射性的初始水平和材料的辐射性成分,就可以精确计算出废物中放射性物质的衰变周期。不太可预测的是存储库站点的地质和水文特征。在尤卡山(Yucca Mountain)地区进行特征描述工作的目的是开发计算机模型,预测存储库是否能够满足 1982 年法案所要求的严格标准。2002年 7 月,通过科学调查发现,尤卡山地区适合作为长期处理国家核废料的基地,该项目获得了布什总统的批准。

未来人们对该地区进行何种处置是完全不可预测的。该法案规定,存储库必须设有多重保护屏障,防止废物受人为侵扰,还须以非语言的方式标记危险记号,同时,废物必须可以追踪。这样,如果出现不可预见的问题,就可以采取所有必要的行动。未来有可能会有人不小心或故意把废料从储存库中带出来,与其他人接触,伤害别人或自己。当然,守卫核废料的成本也会被考虑进去。

2010 年 3 月,美国能源部撤销了对尤卡山的许可申请,因为奥巴马政府对相关政策做出了一些调整,奥巴马政府建立了一个委员会,专门审查对使用过的核燃料和核废料的管理方式。

参考文献

布洛尔斯等(Blowers et al.,1991);民间放射性废物管理局(Office of Civilian Radioactive Waste Management,1998)。

网址

　　民间放射性废物管理局：http：//www.ocrwm.doe.gov/。

　　放射性废物管理委员会：http：//www.corwm.org.uk/。

问题讨论

　　● 如果美国政策的目标之一是在当今和未来利益相关者之间实现成本和利益更加公平的分配，那么在有尤卡山计划实现的条件下，该目标会取得多大成功？

　　● 在评估一个拟建的核电站时，提高或降低以下项目的贴现率对现值会有何种影响：

　　　　——电力收入（比如从第 5 年到第 45 年）；

　　　　——退役成本（发生于第 46 年至第 200 年，在第 200 年拆除核电站时达到最大）；

　　　　——公元 12000 年的废物管理。

　　一些经济学家（如韦茨曼，1998）认为，在评估代际成本和收益时，对后代来说，唯一公平的贴现率是零，只有零才可以给予当前和未来成本相等的权重。考虑到人口增长以及环境维持经济发展的能力正在减弱，他们指出，未来会更加富裕的假设具有不确定性（从而强调了上面的观点）。这种方法的问题在于，低贴现率倾向于鼓励资本进行基础设施投资，如工厂、核电站和公路。这将增加资源的消耗和废物的产生。表 8.1 显示了为什么 100 英镑的投资以 1% 的贴现率在 10 年内收益 110 英镑是合理的，而 259 英镑的收益却需要 10% 的贴现率。更高的贴现率意味着只有最有利可图的投资才可以继续进行下去。

（五）环境估值

　　所以，仅靠市场推动力无法保护未来。那么，再加上可持续性的第三个标准（环境估值），是否就能保护未来呢？我们立刻会想到的问题是，环境是由一系列相互作用的系统组成的，大部分不能被买卖。环境的有些部分可以用于交易，如土地或者一段河流中的捕鱼权。但环境的绝大部分是可以开放获取的资源，这在第二章讨论公地悲剧时也有提到。例如，大气是不能用于交易的，供求法则不能通过价格机制控制对它的使用。所有人都可以免费使用,结果难免会使用过度,就像公地悲剧中的过度放牧一样。除了会对环境造成破坏,在经济上也是低效的。

无法估计的成本和收益又称外部性(或者外部成本和外部收益)。养蜂是个体活动产生两种类型的外部性的一个例子。维护蜂巢的成本和蜂蜜的利润都是养蜂人的内部成本和所得。但是附近的园丁会通过采蜜的蜜蜂从水果和蔬菜的授粉中获益,不过也可能不得不忍受偶尔的叮咬。社会成本是内部成本和外部成本的总和,是一组特定活动中所有受影响部分的总成本。

专栏8.2列出了《斯特恩报告》(*Stern Review*)关于气候变化带来的狭义经济成本和广义社会成本与减排成本的对比。

专栏 8.2

计算气候变化政策的成本

《斯特恩报告》由英国政府经济服务主管尼古拉斯·斯特恩爵士(Sir Nicholas Stern)主持完成。除了评估各种气候政策的经济影响,报告还提出了国际层面上的政策建议,评估了不同类型的经济手段在气候变化中的潜在有效性。

照常排放成本

报告的出发点是"照常排放"(business as usual)政策造成的气候变化影响带来的成本。该影响与第三次 IPCC 报告("气候基准线"情景)(the baseline climate scenario)的预测一致,还多了一种"剧变气候"(high climate)的假设,即由于反馈成果呈不断放大状态而造成的更严重的气候变暖,如干燥湿地和融化冻土排放更多甲烷。

气候变化会带来三种类型的经济影响,每种类型的经济影响都有两种情景,所以一共是六种假设情景(见图8.2.1)。它们都考虑了气候变化导致的直接经济成本,如农业生产损失。其中 4 个情景(情景3、4、5和6)考虑了飓风、洪水和干旱等自然灾害对经济造成的风险。情景 5 和 6 建立的基础是全部社会成本,包括人类和环境健康。

由于模型的局限性和未来的不确定性,最有可能的成本和照常排放的风险(情景 3)预计至少是"现在和未来"全球人均 GDP 的 5%,情景 6 中,这一比例上升到了 14.4%。成本不会均摊,因为发展中国家受到

的人均影响是不公平的。整篇报告建议,"对破坏性的适当预估很可能处于5%～20%这一范围的上部"(斯特恩,2007:162)。

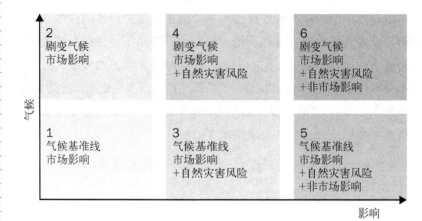

图 8.2.1 《斯特恩报告》"照常排放"矩阵假设情景

资料来源:斯特恩(2007)。

缓解政策的成本

除了照常排放,还有一个替代选择是制定能够降低全球温室气体排放的政策。斯特恩重点关注的是能将大气温室气体浓度控制在550 ppm CO_2e 以内的政策。CO_2e 是以 CO_2 浓度来衡量全球六种温室气体(见专栏 1.2)浓度的方式,本报告撰写之时,该物质的浓度是430 ppm。他的结论是:越早采取行动,就越具有成本收益。

有四种主要行动:

● 减少非化石相关燃料的排放,特别是来自土地使用和农业方面的排放;

● 减少对排放密集型产品的需求;

● 提高 GDP 的能源效率;

● 采用低碳技术。

如果到 2050 年,全球温室气体排放量能减少 25%,才有可能使 CO_2e 控制在 550 ppm。报告认为,这样可以避免气候变化带来的最严重(也是代价最高昂)的影响。要实现这种削减,就要制定"强有力的、深思熟虑的政策",包括国际排放交易框架、技术创新和转移、减少森林砍伐和帮助贫困国家适应气候变化。

> 预计,这些政策的成本占每年全球 GDP 的 -1%(是收益而非成本)到 3.5%,平均占 1%。因此,报告得出结论,缓解政策是最具有成本收益的行动。当然,前提是可以迅速实施,以保证大气温室气体浓度稳定在 550 ppm CO_2e 以下。但是,关键在于,"越不完善、越不理性以及越不全球化的政策,成本会越高昂"。
>
> **参考文献**
>
> 斯特恩(Stern,2007)。
>
> **网址**
>
> 斯特恩报告：http://www.sternview.org.uk/。
>
> **问题讨论**
>
> 《斯特恩报告》认为当代和未来的福利都有同样的价值,也就是说,没有使用贴现来减少福利的现值。
>
> ● 你认同这种方法吗?
>
> ● 如果使用了贴现,那会对报告的整体结论产生何种影响?

三、经济手段

(一) 污染者付费原则

第六章中讲到,经济手段可以将外部成本内化,让污染者承担破坏环境的代价。这就是我们常说的"污染者付费"(polluter pays)原则。这项原则在国际上被广泛采用,并在 1975 年被经济合作与发展组织(the Organisation of Economic Cooperation,OECD)确立为国际贸易的基础。

普遍反对该原则的人认为,用环境恶化做交易,允许有能力支付污染费的人污染经济能力弱的人所生存的环境是非常令人反感的做法(马丁内斯-阿列,1995)。这些异议与自由市场和可持续发展的不相容性有关。环境估值不免会引发争议：除了本章后面将讨论的技术问题,还有第二章已经介绍的与内在价值和外在价值相关的争论。关于第一个反对意见,有两种争论可以用来反驳。对污染者而言,强迫他们为造成的环境代价买单,远比让他们把环境当作毫无价值的东西对待更好。另外,从逻辑上讲,污染许可(替代经济手段的监管工具)和买卖污染一样可恶。至于第二个反对意见,则更难以辩驳。市场竞争中的经济手段会产生狭义经济术语中的"有效率"的结果;但是这些结果可能未必公平。

(二)污染控制经济学

实施污染者付费原则时,有多种类型的经济工具可供选择,而且每种工具的适用环境不同。如果要避免搭便车现象的发生,通常需要立法来强制执行。有些经济手段,如污染税或产品费,通过税收或补贴来影响产品价格,以此来调节产品需求。另一种选择是,在限额交易制度下,监管者可以通过许可证来控制总量,买卖许可证会带来最有效的结果。

(三)污染收费

污染收费是对气态、液态或固态废物征收的税。这种方法适用于大型、固定的排放源,如工厂和电力站(见图6.4)。这种方法对生产单位进行污染测量和收费。监管机构扮演的角色很关键,它们负责协商收费水平,提供独立的排放监管部门,确保收费过程的规范性。

当某种产品的需求弹性较大时,污染收费的效果最好,因为税收会对消费产生重大影响。如果需求是非弹性的限额交易,或者通过许可证进行管制,结果可能会一样好,也可能相反。

(四)总量管制与排放交易

美国率先试用了可交易污染许可制度(tradable pollution permits),以控制大型工厂的硫排放。在过去20年间,该制度广受欢迎,如欧盟据此制定了排放交易计划(emissions trading scheme)(见专栏7.1)。监管者设定在一定时间内可污染的总量,并颁发许可证明。污染许可可以通过拍卖的方式获得,也可以不受新规限制。不受新规限制意味着承认已经建立的工厂的权利,根据引入新排放制度之前的排放水平发放许可资格。这对工厂替换和升级设备起到了抑制作用。另一种方式是给出价最高的竞标者发放许可资格。这些人认为降低碳排放具有成本收益,会获得额外的污染许可,然后可以将其卖给那些认为降低污染排放代价高昂的竞争对手。例如,沿海发电站可以进口低硫燃料,这样就可以把多余的污染许可卖给燃料选择较少的内陆地区。

可交易污染许可制度的一个优点是,允许监管机构通过稳步降低每年大型工厂的污染许可,精确地减少每年的污染总量。另一个优点是具有经济效率。科斯(Coase,1960)表明,在交易成本可以忽略不计、产权可以强制实行的时候,解决污染问题最经济有效的方法就是谈判。一个精心设计的总量管制与排放交易系统可以让其成为现实,即创造适当的产权,建立简单的交换方式。

但是,如果该污染对当地环境产生很大影响的话,交易许可制度可能就不合适了。交易许可市场的运作可能会集中在排放量相对较少的地理区域。或者位于污染不太严重的地区(如位于抗酸石灰岩景观的迎风面的发电站)的工厂可能会降低自己的排放量,并把多余的污染许可卖给土壤条件不好的顺风处的工厂,从而只会产生较小的甚至是负面的净环境收益。

(五)产品费用(Product charges)

无论是通过征收污染税还是办理交易许可,直接向污染者收费都会提高生产成本,其中一些还将转嫁给消费者。这与污染者付费原则并不矛盾,让产品消费者承担全部由制造带来的社会成本是正确的做法。有时在产品生命周期中,产生污染最严重的不是制造阶段,而是消费者的使用阶段或用后阶段。最恰当的一个例子是交通燃油,但还有其他很多产品也属于这一类,尤其是那些用完之后难以处理的产品,如汽车轮胎和含有重金属的电池。

在这种情况下,进行排放收费显然是不实际也不能强制执行的手段。在每一个发达国家和发展中国家,每天都有数百万辆汽车排放尾气污染物,检测排放的任务(和征收拖欠的税款)会击败最勤勉的监管机构。有一个更简单的选择:在加注时对交通用的汽油和柴油进行征税。产品费用就是让污染者预先支付污染费用。

对于可以潜在回收或重复利用的废物来说,产品费用可以采用可退还保证金的方式进行收取。1965年之后出生的英国人,很少会有人记得过去玻璃瓶容器押金退还方案是多么常见。人们越来越富有,来自其他包装材料(如铝和塑料)的竞争还有新兴超市对回收瓶子的阻挠,都见证了一些国家对回收政策的淘汰,虽然现在一些国家有了合适的政策框架(如德国、丹麦和澳大利亚),但这种做法还是一种有效的政策工具。

(六)生产者责任

制造商在产品生产周期早期做的决定可能会限制消费后的废物管理。例如,有些产品在设计的时候就是为了让拆卸过程很难,由此,重新利用零部件或回收材料几乎成了不可能。生产者责任延伸使得制造商在经济上为产品的安全处理负责,从而为制造商和消费者创造了一个强大的经济激励机制(奎恩和辛克莱,2006)。它还可以鼓励制造商收取自愿产品费。

欧盟已经对包装、汽车、电子和电气设备等行业的生产者责任进行了立法。生产者必须回收和/或再利用一定比例的相关废气(waste stream),否则会面临严重的经济处罚。道依茨(Deutz,2009)对这项立法进行了评估并得出结论:该立法在"生产者、产品、消费者和废物处理行业"之间建立了新的关系,但作为生态设计的驱动因素,其作用还是相对较弱。

(七) 资源税

资源费使得税收向资源循环(见图 1.1 和 1.2)的开始阶段更进了一步,它不关注排放源(污染税收),也不关注最终消费者的销售(产品费),而是将重点移向了资源循环的起始点。从表面上看,这是一种阻止环境破坏的根本方法,从一开始就建立起对提高资源利用效率的激励。有时,使用可再生资源替代原始资源虽然会产生环境收益,但却很少或不能带来经济利益,此时采取征收资源税的方法就很合适了。有个恰当的例子是英国石方税(UK Aggregates Levy)。2002 年,英国引进该税法,目的是把在采石生产过程中产生的外部性污染内部化,鼓励材料替代和回收,提高初始采石的有效利用率(环境数据服务,2001)。

(八) 抵税(Hypothecation)

到目前为止,对经济手段的分析集中在资源循环的狭义应用效应上。收取的污染费又有何用途呢?

通常,有一部分资金会转移到监管机构,用以补偿在推行污染控制制度时消耗的成本。如果资金盈余,还有两个选择。第一个选择是,政府(国家或地方层面)通常会将其算入一般税收中,用来资助其他不相关的花销,或者,也是更常见的做法,减少其他方面(如收入或就业)的税收。第二个选择是,将资金用于某种特殊目的,以缓解污染活动导致的环境问题。任何用于指定目的的税收都被称为"抵税"。一个简单的例子是,英国的垃圾填埋税收入可以作为填埋场附近环境建设项目的资金。

用于抵押的税收还可以资助会造成环境污染的产品或活动的替代品,提高污染税的效率,如垃圾填埋税资助的回收项目,对化石燃料发电所征收的税用来支持可再生能源项目。当对会造成污染的活动或产品的需求是非弹性的时候(如交通燃料),抵税就很合适,这样穷人的生活质量也会有显著改善。通过征收汽油税让中产阶级不开私家车,转而乘坐公共汽车可能是公平的做法,但若对低收入者(尤其是乡村地区)征收相同的税就会严重影响他们的生活,因为他们还要靠私家车去工作或享受其他基础服务。如果没有公共汽车,或者乘坐公共汽车太贵,那么很明显,可以把税收用在补贴公共交通上。

(九) 补贴和政府花费

用于奖励行为变化的补贴是另一种经济手段。虽然这种花费可能是抵押的税收,但政府用税收收入补贴某些活动是比较常见的。向农民提供管理土地或农业生物多样性的补助,向住户提供保温材料的部分费用,针对老年人和低效率汽车与锅炉的"报废计划"(scrappage schemes),都是近年来英国政府将这部分费用补贴在改变行为和减少环境破坏上的例子。

然而,补贴很少成为经济手段的首选。除非抵税的做法违反了污染者付费原则,因为这样就成了社区为污染者买单,而不是污染者为社区买单了。另一个原因是补贴的固有低效性。比如家庭隔热,一部分户主会选择在没有任何补贴的情况下自主为自己的房屋隔热,但如果有的话,他们会要求获得补贴。很大一部分人只会用很小一部分补贴进行房屋隔热。在这种情况下,有一部分补贴就被浪费了。

(十) 环境估值

污染者付费的概念很具有吸引力,而且配以经济手段的使用,对那些希望实施环境政策的人来说也很适用。然而,衡量外部成本和收益困难会限制经济手段的范围。我们知道,外部收益是指没有进入市场的商品和劣质商品。这种商品被称为公共物品,比如空气质量,无论好坏,都要被某一地区的人享用或忍受。因为没有市场,就没有价格衡量空气质量的好坏,也不能规定污染者应该支付多少污染费。

估值方法是用来给无法估价的商品进行货币计价的。这对可持续性的政策制定具有非常重要的意义,因为为环境估价是可持续发展决策中的基本组成部分。除此之外,第三章中还给出了环境资本法以及一些环境估值技巧,提供了衡量可持续发展的方法。但是,在描述这些技巧之前,认识到它们的固有局限性也很重要。

- 生态中心主义者反对环境估值,他们认为,消耗无价的环境资本和服务就是为了资产负债表上的几个数字,这在道德上是不可接受的。能用钱衡量的价值都只是外在价值(见第二章)。这就意味着以这些技术为基础的决定在道德上站不住脚。

● 关于一些环境估值技巧,存在很大的方法论争议。

● 政策制定者和那些试图影响他们的人,往往会抓住货币估值提供的明显可靠信息不放;但是这些技巧只能提供大约值,有些特殊的估值还会出现很大的不确定性。

● 所有的估值技巧都要研究、寻找个人偏好,并将其转化为货币价值,但是未来几代人的偏好无法评估,只能假设。

● 环境估值技巧能够发现个人偏好的强度,但他们也经常低估低收入群体的偏好。

● 环境质量的很多方面都不能用金钱来衡量,金钱体现不出它的价值。造成这一问题的原因有很多,通常是因为环境系统过于复杂,评估者对环境变化产生的影响尤其是长期影响不够了解。

1. 显示偏好法(Revealed preference methods)

消费者把钱花在交易商品和服务上,就是在表达自己的偏好。在任何一个市场中,所有消费者的需求构成了总需求。在其他市场上对非贸易商品的客户行为的研究数据,可以通过显示消费者的偏好来预测需求量。

旅行成本法可以用来预估景点的娱乐价值。游客会被问到他们去某个景点的频率、旅行花销以及在景点的游览时间,得到的数据可以预估人们对该景点的需求。

享乐定价(hedonic pricing)模型是通过房地产价格预测当地环境质量的价值。一幢俯瞰繁忙高速公路的房屋,其售价会低于一幢完全相同但远离高速公路带来的视觉和噪声影响的房屋。比较房屋的买卖价格,就可以知道这些影响因素的价格。当然,这样的调查比较复杂,因为需要考虑影响价格的其他因素,包括住宅和花园的设计、相对于当地服务的位置以及环境质量的其他方面。例如,如果使用享乐定价法来确定高速公路损害的成本,那么在计算中,距离工业区太近是另一个可能降低房价的因素。这种技术上的困难意味着,享乐定价调查设计必须非常仔细,而且只有在数据数量和质量充足的情况下才适用。

2. 叙述偏好法(Stated preference methods)

显示偏好模型需要获取消费者对某种活动的成本或收益的需求数据。但是有些环境资产,即便大多数人都从未体验过,还是需要进行估值的。在这种情况下,旅行成本或享受定价的数据就不存在了。但可以通过条件价值评估法对资产进行叙述性偏好调查。有很多学术文献都对这种环境估值方法进行了研究。

条件价值评估法是对假定市场中一个既定数量的代表性样本进行调查:为保留某种环境资产,他们理论上愿意支付(Willing to pay,WTP)多少钱,或者愿意接受多少钱(Willing to accept,WTA)才允许这种破坏出现。这样一来,对某种资产的需求就通过整个人口预测出来了。在涉及条件价值评估研究时,要考虑以下问题,它们有可能会影响估值结果:

- 在进行资产评估采访前,被采访人提供的信息的数量、风格和内容;
- 假设的支付方式是慈善捐款、额外税收还是参观该资产的费用;
- WTP 是开放性的(你愿意支付多少钱?)还是封闭性的(比如你愿意支付 500 英镑吗?);
- 有些强烈关心资产保护的人会提供巨额资金,因为他们知道自己永远不会被要求支付这些钱,那么在提出开放性问题的时候,如何消除这种搭便车效应的影响?

(十一) 成本—收益分析

对环境属性的估值是否有用,取决于它们被纳入决策过程的程度。对于项目提案,最常用的方法是成本—收益分析(Cost Benefit Analysis,CBA)。这种方法需要计算所有成本和收益(内部和外部)的经济价值。选定一个折现率,然后计算项目的净现值(Net Present Value,NPV)(在一定时间内,所有折现费用和折现收益之和)。如果 NPV 为正,则表示收益大于成本,意味着这个项目是值得投资的。

CBA 被广泛应用于公共领域,其将市场和非市场成本与收益引入一个共同的分析框架中。除了环境成本,其他外部收益,比如通勤者的出行时间和道路交通事故的成本(提案提出或规避的)都可以进行分析。

但是在使用 CBA 的结果做决策时,要小心谨慎。对于会产生中期或长期影响的项目,折现可能会损害后代的利益,这一点在前面已经讨论过了。CBA 是基于对成本和收益的预测进行的,因此总会有一些不确定性。意料之外的经济环境可能会增加或减少项目的成本或收益,因为公众可能会对新项目提供的服务的态度有所改变,或者活动监管更加严格。只要是新颖的、很可能带来环境变化的活动,人们对它的了解可能就不够深刻,因此也无法对成本和收益进行有意义的评估。最后,CBA 只能将那些环境属性融合起来,据此预测出价值,总会有些成本和收益游离于这个等式的外部。所以,CBA会为第六章中述及的政治决策流程提供重要信息,但它不是替代品。

(十二) 衡量可持续发展

前面几个章节已经证明了货币作为一种衡量某些方面的环境质量的工具有其实用性,也有其局限性。货币能在多大程度上衡量生活质量呢?传统意义上,政治学家和经济学家认为,任何国家的生活水平都可以由基于经济表现的统计指标来概括,主要是国内生产总值(Gross domestic product,GDP)和国民生产总值(Gross national product,GNP)。这两种指标都是根据某一特定时期内一个国家的经济总产出来计算的。GDP包括国内所有的经济活动,无论其所有权是国内的还是国外的;而GNP不包括非该国居民的活动,但包括该国居民在国外的经济活动。

GNP稳定增长是大多数发达国家和发展中国家的目标。经济增长时,人们就可以获得更多财富,如果大多数人获得的财富是成比例增长的,那整体而言,人们就会感觉更富有。当经济增长不稳定时,即使只是短期的微小波动,也会在人们的日常生活中体现出来。失业率上升时,即使是那些有工作的人也会担心他们的中期前景。这就会更进一步导致经济下滑,因为消费者会更谨慎地进行储蓄,而不是花费。在严重的经济衰退期,房屋和股票的价值也会开始下降。民主选举的政治家也可以从经济增长中获得既定的利益。

有两个独立的原因可以解释为什么环境性经济增长是有问题的。第一个原因也是最根本的原因,如果指数式经济增长意味着对环境资源的使用和废物的生产也呈指数式增加,那么长期经济增长的可持续性就值得怀疑了。第二个原因是,GNP的增长究竟在多大程度上可以等同于生活质量的上升。财富增加会提高生活质量,这之间的关系是很简单的。然而,如果人们选择通过减少加班时间来享受休闲时光,也可以提高他们的生活质量。但是这样一来,GNP就会下降,因为工作时间减少意味着产量降低,如果没有工资,消费也就减少了。而且,有些形式的经济增长与生活质量的下降相关。地震、车祸、飞机失事或其他任何形式的灾难都能拉动大量的经济活动,如医疗、葬礼和维修更换活动,这都为不同机构和资金转手提供了机会。在这种情况下,GNP会上升,但整体生活质量却下降了。

外部成本问题也会出现。GNP只计算交易额,但不能衡量诸如污染等环境外部性活动,也不能衡量犯罪、恐怖袭击等社会外部性活动,尽管它们会对生活质量产生很严重的影响。外部效益也没有被计算在内。空气质量的改善可能会以较低产出的代价实现,这会对 GNP 产生负面影响,但其正面效应没有被统计在内。社区的志愿工作和家庭劳动(如照看孩子)对社会做出了巨大贡献,但完全不会在 GDP 上体现出来。

还有资本消耗的问题,包括人类的资本消耗和自然的资本消耗。所谓的 GNP 毛总量(gross)指的是不会考虑到资本价值的贬值问题。如果考虑到了国家层面的资本贬值,并从 GDP 中减去,那就是净国民生产总值(Net National Product,NNP)了。但是,这里只计算了人类资本。GNP 和 GDP 中均不包含自然资本,而这一点进一步降低了这两者作为衡量可持续财富创造指标的实用性,但对于发展中国家而言,两者的意义还是很重大的。这些国家往往依赖于未加工的大宗商品的出口来增加财富,如木材和农产品,而这些产品的生产可能会直接消耗环境资本。生物多样性的丧失、森林浩劫、土壤侵蚀以及由于农业化学品污染而降低的生育率是自然资本损失的例子,长期来看,这是不可持续的,但如果以 GDP/GNP 来衡量财富的话,是看不见这些损失的。

很明显,衡量可持续发展的进展是很重要的,这一问题有两个潜在解决方案。一种是对 GNP 进行调整,使其包含外部成本和收益,无论这些成本是暂时的(如噪声污染)还是会对自然资本进行长期加强(或消耗)的。从 GNP 中扣除资本贬值,就可以将对自然灾害的补偿考虑进去了,比如灾难处理或清理环境污染。如此一来,GNP 就成了一个更可靠的指标,可以较为准确地显示出每年人类福利状况的增加或减少。有些这样的措施正在使用中:日本在 20 世纪 70 年代开创了类似的国家环境会计制度,瑞典、挪威和法国等其他国家也紧随其后。当然,这种方法可以抵消内部环境成本,其可以用来衡量弱可持续性(见图 3.3)。快速的经济增长又会掩盖不可逆转的环境破坏,而这恰恰损害了子孙后代的利益。

另一种可能的方法是接受 GNP 原本的计算方法,即一种有限测量货币成本和收益的方式,然后可以研究出另外一种测量社会和环境外部性的补充指标,如第三章中提到过的碳足迹。这些指标未必一定用货币进行表达。但是,正如传统的会计方法区分了资本和收入,环境指标也必须区分资源储量、流动资源和废气(waste stream)的变化。可持续发展指标还应该包括影响公平的社会变化。表 8.3 展示了由联合国环境规划署(UNEP)制定的城市环境质量和可持续性指标。

表 8.3　城市环境质量和可持续性指标

饮用水获取	人口密度
气体排放	人口增长
空气质量	21 世纪地方议程进展
城市产品	水价
能源消费	饮用水质量
绿地面积	循环利用
卫生保健	租金与收入比例
房价	安全
婴儿死亡率	学生出勤率
绿化面积投资	交通方式
供水系统投资	旅行时间
使用环境审计系统的组织	废物生产
决策制定参与度	废水处理
选举参与情况	耗水量
贫困家庭	

资料来源：CEROI(2001)。

注意：每个指标是如何产生的可以参见 CEROI 网站(CEROI,2001)。

与给外部性分配货币价值的方法相比，指标法也有其缺点，数据展现出来的相对重要性不是特别明确。优点是每个指标都很明确，而不是被圈在一个"大标题"下，那样的话可能会掩盖数据的一些重要特征。另一个优势是，由于环境特征是分别考虑的，所以可以通过恒定的环境资本原则衡量强可持续性。

四、一种新的经济学？

经济活动与可持续发展密切相关。只有创造财富并分配给穷人，才能实现公平；然而，未来几代人的自然资本权利只能通过经济活动的形式得到保护，这些活动限制了对环境的影响，由此可尽量达到可持续发展。经济科学希望描述市场的运作方式（实证经济学，positive economic），但也常被用来说明市场应该如何运作（规范经济学，normative economic）。在 20 世纪，存在的主要争论是社会主义、凯恩斯主义和货币主义之间对市场运作方式的不同说明方式。21 世纪，环境经济学和生态经济学的观点很可能会产生深远影响。

虽然传统经济学认识到了外部性,但其将注意力主要集中在了经济的内部交易上,本章介绍了环境经济学的简单应用,考虑了所有的社会成本和收益,并进行内部化。1992年地球峰会之后,环境经济学享誉全球,国际社会、主权国家和地方政府试图利用对这一观点的见解来制定和实施政策,以实现更好的可持续的经济增长模型。环境经济学无疑是规范性的,因为其前提是环境很重要。在考虑可持续发展问题时,环境经济学家会提出一个有利于公平的前提假设,并在分析过程中涵盖比传统经济学更长的时间周期。

但是,生态经济学(ecological economics)的理念更进一步(戴利和法雷,2010)。内在价值是生态经济学的根本要旨。人类的偏好不是唯一的价值来源:环境属性也有价值,而且不能通过货币表达出来。如果能用钱来衡量的话,就是将这些属性贬值了,这暗示可以通过一笔钱来换取对它们的破坏或毁灭。生态经济学尝试将生态中心原则和经济理论结合起来,以促进当前经济秩序的大规模变革。

生态经济学反对全球化为所有人带来更大的经济繁荣的传统分析。当地的小规模经济活动更受欢迎,因为这更有可能满足当地人的需求,不仅是对商品的需求,还有对环境质量、有意义的工作以及强大社区的需求。衡量财富的关键指标不是货币,而是人们、社会和环境的健康水平。专栏8.3研究了地方交易系统(Local exchange trading systems,LETS),它是这些想法的应用之一。

专栏8.3

地方交易系统

地方交易系统(Local exchange trading systems,LETS)允许在当地使用由交易集团发行和控制的货币买卖商品。该货币的发行数量通常受官方货币的影响,因此数量可能发生改变,但LETS的货币与官方货币在几个重要的方面有所不同。LETS项目是合作的、非营利的;交易可以是集中记录的,也可以是通过辅币支付的;LETS货币只能用来交换商品和服务,不能用于投资、借贷和赚取利息。

到2003年初,估计英国有4万人参与了450个LETS项目,其他项目设立在加拿大(这一想法的发源地)、美国和澳大利亚。这一项目最吸引人的地方是可以不用钱进行交易。A女士退休后,需要一些园艺方面的帮助,但是付不起园丁工资。她为B女士做保姆,并获得LETS货币作为报酬。这使她可以向C先生支付园艺工作的费用。C先生把钱花在由D女士提供的计算机技能培训上。其中一些活动可能是朋友之间的互帮互助。然而,LETS允许在陌生人之间进行这种交换,通过消除在寻求帮助时所涉及的义务感来刺激活动。

在任何阶段,总会有人负债,总会有人信贷,因为总的货币单位之和为零。除非一些成员已经接受了比他们所提供的更多的商品和服务,否则这个项目是行不通的。对系统负债被称为"承诺状态"(in commitment)。处于承诺状态的人们可以选择离开这个项目,无须提供商品或服务来还清债务。实际上,这种情况并不多见。通过迅速增加债务,他们赊账给那些能够用他们的资金从其他成员那里购买商品和服务的项目成员。但是一个欠很多成员少量债务的人一旦离开该项目,会导致交易活动减少,因为那些有信贷的成员不愿意再为该系统工作了。中央交易记录和成员账户的透明度意味着成员可以拒绝向利用该系统的人提供商品和服务。

LETS系统声称,通过为资金短缺的人提供就业机会和实现交易的本地化,创造了经济、社会和环境收益。增加的活动改善了工人的福利,以及从工作中获利者的福利。通过项目中的频繁互动,会形成社会包容,社区也会得到加强。如果商品可以维修而不是换掉;如果昂贵的工具和设备能够实现共享,而不是每家每户都购买;如果能降低与采购商品和服务相关的外部运输成本:那么环境也会受益。

LETS实施的困难及陷阱是:

● 通过LETS系统获得收入的人在税收和社会安全方面的认识较为模糊;

● 存在健康和安全问题,包括保险和事故责任;

● 对购买到劣质商品的消费者的保护措施不够;

● 可能通过LETS提供潜在的违法的或不道德的服务。

参考文献

朗(Lang,1994);赛方(Seyfang,2006)。

网址

英国地方交易系统链接：http：//www.letslinkuk.org/。

问题讨论

● 这种无监管、去中心化的经济活动在多大程度上会帮助或阻碍 LETS 实现可持续性的标准——公平性、未来性和环境估值？

生态经济学的另一个重要特征是注重传统经济学所使用的理想模型与现实市场中实际交易时发生的情况之间的差异。即使是简单的经济模型，也需要非常多的假设。例如，供求法则建立的基础是理性消费者，供求法则即可完全掌握所售商品的信息，还能根据自身利益最大化原则从中选择人群进行交易。在全球化和后现代化的市场上，品牌竞争成了马斯洛需求层次中较高等级的短暂的满意因子，这种假设从生态中心主义的观点来看是有待商榷的。

简而言之，生态经济学为未来的可持续经济提供了一个整体视角，人们的需求以尊重自然世界的完整性和子孙后代的权利为前提，且寻求得到适当的满足。生态经济学还提供了实现这一目标的机制，即通过与当地环境相适应的社区基础行动来实现。LETS 仅仅是这些行动中的一个例子，其他还包括使发展中国家的商品在发达国家进行销售的公平贸易计划、当地信用合作社对抗经济排斥、工人和消费者合作、农民市场为食品生产者和消费者建立了联系。还有其他一些想法已经被转型运动所采用，这是一个基于社区的，用以提高城市、乡镇和村庄生活方式的可持续性的运动（霍普金斯，2009）。

然而，最终这一切都因民主国家的价值问题和长远困难而发生了改变，因为它们基于自由市场运作，后现代文化和消费者社会态度也发生了转变。生态经济学的视角取决于消费者在其经济决策中对可持续发展原则的应用（公平性、未来性和环境估值）。有些人认为，可持续消费包括绿色和道德消费，这是一个可喜的迹象。如果人们愿意购买"公平交易"（fair traded）或"环境友好"（environment friendly）的产品，这将是迈向可持续消费模式的重要一步。持相反观点的人认为，从生态中心的角度来说，这又是对品牌的宣传，在应该减少消费的时候反而欺骗消费者进行购物。在后现代世界里，消费比投票更能体现出一个人的偏好，绿色消费主义可能会为富人提供改变消费方式的前景,但是穷人的经济选择受到了不必要的限制,从而使他们不能享受绿色消费。从这些术语中可以看出,可持续消费不再是通往可持续发展的路径,而是一个更加偏离实际问题的干扰。确实,可以说,生态经济学最有价值的贡献在于它展示了实现可持续经济所需的变革程度。

拓 展 阅 读

耶格(Jaeger,2005)和汉莱等(Hanley et al.,2007)学者对环境经济学进行了介绍。皮尔斯和巴比尔(Pearce & Barbier,2000)对环境经济学进行了通俗易懂的解释,以及其对可持续发展的潜在贡献。斯特恩(Stern,2007)对气候变化的经济影响,以及减缓这些影响的潜在经济手段的分析很有影响力。乔丹等(Jordan et al.,2003)学者回顾了八个工业化国家中新的环境政策工具,包括环境税和可交易许可制度。贝尔和莫尔斯(Bell & Morse,2003)研究了可持续发展指标的理论和应用。

戴利和法雷(Daly & Farley,2010)写了一本教科书来介绍生态经济学。博伊尔和西姆斯(Boyle & Simms,2009)运用一系列案例来研究传统经济学的不足,并提出基于幸福的基金的替代方案。舒马赫(Schumacher,1973)针对全球化趋势和不同的经济派别提出了一个有影响力的案例。

网 址

新经济基金会:http://www.neweconomics.org/。

第九章　结　　论

为地球制定政策

本章将：

- 回顾 21 世纪重要的环境问题；
- 证明环境政策工具箱对政策制定者而言会是一个越来越有用的重要资源；
- 推断可持续性的前景。

一、九十亿人，一个星球

（一）数字问题?

无论环境政策工作者是否承认，很多人反对马尔萨斯（Malthus）的观点。如果大多数人的命运注定是悲惨的，也无法逃避人口论预测的结局，那么这些工作人员就没有任何作用了（也不会有工作）。环境政策存在的意义是防止、改善或解决环境问题，本书介绍了环境问题工具箱。应对策略可能包括环境管理，但通常最根本的解决办法是让人类改变自己的行为，小到个体，大到国际上的各个层面。

正如第一章所论述的，环境问题是两种意义上的人类问题：一旦人们意识到环境服务质量下降，就会定义一个问题；人类行为往往是造成这种下降的直接或间接原因，要么通过环境资本的退化直接产生影响，要么通过在易受环境危害的地方生活而间接引起。这就是本书一直坚持以人为中心对环境问题和环境政策进行分析的原因。

人口增长与环境问题密不可分。自七年前为第一版《环境政策》撰写本章内容以来，地球人口增长了大约 6.7 亿（约占总人口的 11％），并且未来 40 年内至少还会增长 20 亿。届时，气候急剧变化、资源更加稀缺，世界正试图从严重的经济衰退中恢复。到时候,即使保证地球人口最基本的生活质量,也意味着要对环境资本和环境服务采取无情的手段。

历史上,采取这样的方法并不新鲜。然而,在 21 世纪,工具性方法必然涉及开发环境服务,而且还需要保护关键的环境资本以确保其持续供应。然而,第二章介绍的自然内在价值,如荒野和生物多样性,会随着时间的推移和环境挑战规模的增加而更大程度上被边缘化。无论是在地区还是全球层面,都需要制定、实施一些政策,维持和提高土壤及海洋的粮食生产力;维持和拓宽获得安全供水的渠道;在不受贫困和欲望限制的情况下,为可持续生产提供机会;并尽可能保护社区不受灾难性气候的伤害。这意味着要采取紧急行动,通过降低污染排放、实现目的性进展来抑制全球变暖带来的影响,增强适应能力。这就是为什么尽管说气候变化不是唯一重要的环境问题,但却是最主要的问题的原因——气候变化决定了粮食和资源安全等其他问题的科学政策框架。

环境问题,特别是在国际范围内,将越来越多地与安全问题挂钩,因此环境难民的迁移以及由水和资源导致的武装冲突,成了环境政策议程的重要组成部分,就像洪水安全和食品安全一样。有人可能会说,这种现象并不新奇,几十年来,中东的冲突在某种程度上就是由石油政治推动的。

(二) 消费问题?

可持续发展为调解环境保护与合法发展愿望共存提供了前景。第三章分析了这一概念固有的矛盾和模糊性。对于可持续发展的实践者而言,关键的问题是合理的消费水平的界定。后现代消费文化背景下,人类的需求推动并增加了前所未有的资源开采和废物产量。在发达国家,大多数公民的需求都通过全球化经济得到了满足,因此消费与环境资源之间的关联对他们来说并不明显。废物收集和工业化处理同样使得环境问题造成的影响不可见,人们不能直接感受到环境问题。在发展中国家,情况往往相反,这就是后唯物主义(post-materialist)认为环保主义(environmentalism)是财富的产品的原因,但并不意味着它不适合穷人。如果情况合理,那些在自给经济中直接依赖周围环境的人便可以自行组织以可持续的方式管理公共资源,并捍卫来自外部的资源威胁。

在生态现代化的过程中,可持续的消费理念促进、维护并延续了西方生活的理念,使发展中国家超越了环境库兹涅茨曲线的高污染阶段(见图 4.2)。激进者对未来石油供应前景以及 90 亿人可用的环境空间持悲观态度,因此主张削减消费。例如,转型运动认为,减少工作量、少花钱、少买东西就可以改善发达国家的生活质量,因为这意味着压力减轻,并且与家庭、社区和环境进行更有意义的接触。无论消费水平是否下降,环境政策工作者都可能越来越需要对发达国家和发展中国家消费者的期望和消费类型进行管理。

(三) 可疑的科学?

科学既是一套理念,也是发现宇宙运作的客观真理的一种方式。在气候变化成为科学界争议最多的话题之前,这种观点就已经出现了。然而,过去 20 年里,气候政策的国际意义日益提高,引起了对气候科学和气候科学家前所未有的关注。撰写本书之际,2009 年 11 月,互联网刊物发表了从东安格利亚大学(the University of East Anglia)气候研究组(Climatic Research Unit)窃取的电子邮件,由此形成了"气候门"(Climategate)争议,这是东安格利亚大学内部审查的主要内容,目前正由英国议会委员会进行审议,这一进程目前很是艰难;很难说清楚这件事的长期意义。但是,有人怀疑是某些国家的情报部门委托(黑客)窃取有关电子邮件。有关"气候门"争议的规模之大(截至 2010 年 3 月,"气候门"有了 1 500 万的谷歌搜索量)表明,无论科学家是否赞同,所有科学都是潜伏的政治。

(四) 技术问题?

没有技术,就没有当代的环境问题;同样,人类也不会有火和车轮,不会有药和工具,只能以"千"而不是以"百万"计数。生态现代化强调清洁的可持续技术,无疑,21 世纪的诸多技术变化会由碳和资源的高效利用推动。由于碳的价格上升或石油稀缺(也许两者皆有),导致化石燃料的使用量减少,如此一来,设法增加粮食产量满足全球人口的需求将是一个很大的挑战。目前为止,自马尔萨斯以来的两个世纪,他的理论还未得到证实,因为化石燃料的动力机械化和化石燃料衍生肥料已经以指数速度提高了农业生产率。这样的增长能否在化石能源投入减少和气候变化的世界中持续存在,仍有待观察。

二、环境政策工具箱

(一) 工具箱里有什么?

环境决策者面临众多挑战,第五、六、七、八章中介绍的环境政策工具和方法可以提供帮助。当关于某个问题的科学信息有限时,预防原则和无悔策略便可以为预防措施提供依据。评估技术的适宜性可以更好地解决问题。生命周期分析、环境管理系统和可持续性管理系统有助于实现资源密集程度较低且浪费较少的经济(增长)。政府监管有其地位,但绿色税收和其他经济手段也许更有效。但最有效的仍然是说服技巧,尽管到最后说服可能会变成强制。

除了政策工具箱外,环境政策工具箱还有决策部分,包含政策制定机制与政策结果有效性。这些见解有助于评估的开展:可以运用广博理性决策模型,或者渐进式决策模型,或是两者结合。决策解释了政治议程的结构以及利益集团代表和调解的重要性;强调从管理向治理的转变;在国家和国际两个层面,还会提供一种发展共同愿望的手段,并将实施的方式转交给工业领域、社区和个人。

治理需要使用新的政策工具,具有经济性和说服力,而不是监管。它意味着围绕一系列商定的目标建立伙伴关系。埃利诺·奥斯特罗姆(Elinor Ostrom)关于公共池塘资源理论(common pool resource theory)的研究解释了小规模的治理是如何产生可持续的管理这一过程的,并提供了必要的基础性条件。她在 2009 年领取诺贝尔经济学奖时强调了信任、合适的规则以及下放责任的重要性。至于从社区到国家再到国际层面的传达教训,从哥本哈根首脑会议的失败来看,信任问题最为棘手。

(二) 超越话语

我们不可能以暂停贫穷世界的经济增长来换取人口的持续增加,由此引出了可持续发展的理想概念。

可持续发展的原则——公平性、未来性和环境估值,可以非常简单地被表述出来,但是从里约首脑会议几乎普遍采纳这些原则以来,一些行动计划的制定已经或多或少地受到了限制。态度和价值观决定了行为,并通过论据、观点和科学的方式表达出来。话语既可以让变革成为现实,也可以蒙蔽和限制可能性。毫无疑问,20 世纪 80 年代出现的可持续性理念在过去的30 年中取得了非常迅速的进展。政府、企业、教育工作者和许多其他舆论引导者已经接受了可持续发展的想法。然而,正如第七章所特别指出的那样,全球可持续发展面临的挑战比现在更大。环境政策工具箱如何将可持续发展的言辞转化为行动和变革?

欠发达国家经济增长的障碍包括负债和管理国际贸易规则的限制。这些障碍妨碍了可持续的经济发展和环境管理。在发达国家,随着地方和区域问题的解决,环境质量正在不断提高,这对于工具箱来说是一套相当成功的案例。"控制消耗臭氧的物质的蒙特利尔议定书"和"控制温室气体排放的京都议定书"就是在全球范围内得到有效贯彻实施的例子。对于"京都议定书",只能算是部分成功,因为它没有获得美国的认可,而哥本哈根首脑会议未能就"后京都议定书"达成一致。

如今,地球面临巨大的挑战,但机会也是巨大的。社会科学家安东尼·吉登斯(2009)和气候科学家迈克·休姆(2009)都指出,气候变化挑战的严重程度可能会迫使国家认识到:在全球化的世界中,合作至关重要。

> 科学发现的共享、技术转让,从一些国家向其他国家的直接援助以及其他一系列合作活动是前进的方向。
> 尽管存在分歧和权力斗争,应对气候变化可能是创造更加合作的世界的跳板。这可能是振兴联合国和其他全球治理机构的手段。
>
> (吉登斯,2009:229)

既得利益、短期主义和惰性可能是实施可持续发展政策的最主要的障碍。如果要克服障碍并实现根本性改变,环境政策的有效制定和实施将需要鼓舞人心的领导。虽然政府的领导至关重要,但是还不够。在政策部门、利益集团、社区、企业和其他各种网络中,领导者也可以通过他们选取的例子影响他人。

作为环境决策者,布伦特兰委员会成员反对马尔萨斯,布伦特兰委员会对人类有信心,认为他们能够克服这些困难并实现可持续发展,这种信心在未来几十年里可能会也可能不会得到证实。如果布伦特兰委员会所倡导的变革得以实现,那么在很大程度上,应归功于经过精心设计、合理实施和系统评估的环境政策。读者可以判断本书的理论方法和案例研究范例在多大程度上表明环境政策工具箱可以应对全球环境变化的挑战。但要永远记住,可持续发展的替代性选择只有两个:不可持续的发展或根本不发展。

拓 展 阅 读

下面推荐的著作分别从不同角度提出了为实现可持续发展(以及是否应该)需要做出什么改变,需要采取什么政策来实现这些变化,以及可能面临的挑战和障碍。这些书中的政策从个人层面到全球层面都有涉及,并按照数量顺序排列。请您阅读并享受!

布理维(Blewitt,2006);瑞塔莱科等(Retallack et al.,2007);普林森(Princen,2005);霍普金斯(Hoplins,2009);德雷斯纳(Dresner,2008);奥利德(O'Riordan,2009);贝克(Baker,2006);龙伯格(Lomborg,2007);休姆(Hulme,2009);吉登斯(Giddens,2009)。

参 考 文 献①

Adams, W. M. (2008) *Green Development: Environment and Sustainability in a Developing World*, London: Routledge.

Adger, W. N. and Jordan, A. (2009) *Governing Sustainability,* Cambridge: Cambridge University Press.

Andersen, M. S. and Massa, I. (2000) 'Ecological modernisation – origins, dilemmas and future directions', *Journal of Environmental Policy and Planning,* 2: 337–45.

Anderson, R. (2009) 'Ray Anderson on the business logic of sustainability'. Online. Available HTTP: <http://www.ted.com/talks/ray_anderson_on_the_business_logic_of_sustainability.html> (accessed 13 March 2010).

Archer, D. and Rahmstorf, S. (2010) *The Climate Crisis: An Introductory Guide to Climate Change,* Cambridge: Cambridge University Press.

Baby Milk Action (2010) *Baby Milk Action.* Online. Available HTTP: <http://www.babymilkaction.org/> (accessed 21 January 2010).

Baker, S. (2006) *Sustainable Development*, London: Routledge.

Baker, S. and Eckerberg, K. (2008) *In Pursuit of Sustainable Development,* Abingdon: Routledge.

Barberi, F., Davis, M. S., Isaia, R., Nave, R. and Ricci, T. (2008) 'Volcanic risk perception in the Vesuvius population', *Journal of Volcanology and Geothermal Research,* 172 (3–4): 244–58.

Barry, B. (2003) 'Sustainability and intergenerational justice', in A. Light and H. Rolston (eds), *Environmental Ethics: An Anthology*, Blackwell, Oxford.

Baskin, J. (2009) 'The impossible necessity of climate justice?', *Melbourne Journal of International Law,* 10 (2): 424–38.

Beaudet, P. (2009) 'Globalization and development', in P. A. Haslam, J. Schafer and P. Beaudet (eds), *Introduction to International Development: Approaches, Actors and Issues*, Don Mills, Ontario: Oxford University Press.

Beck, U. (1992) *Risk Society*, London: Sage.

Bell, Simon and Morse, Stephen (2003) *Measuring Sustainability: Learning from Doing,* London: Earthscan.

Benson, J. (2000) *Environmental Ethics*, London: Routledge.

Bentley, R. W., Mannan, S. A. and Wheeler, S. J. (2007) 'Assessing the date of the global oil peak: the need to use 2P reserves', *Energy Policy,* 35: 6364–82.

Best, S. and Kellner, D. (2001) *The Postmodern Adventure: Science, Technology and Cultural Studies at the Third Millennium,* London: Routledge.

Blewitt, John (2006) *The Ecology of Learning*, London: Earthscan.

Blowers, A., Lowry, D. and Solomon, B. D. (1991) *The International Politics of Nuclear Waste*, London: Macmillan.

Boehmer-Christiansen, S. (2001) 'Global warming: science as a legitimator of politics and trade?', in J. W. Handmer, T. W. Norton and S. R. Dovers (eds), *Ecology, Uncertainty and Policy*, Harlow: Prentice Hall.

① 为方便读者查阅，本书按原版复制参考文献。

Boehmer-Christiansen, S. and Skea, J. (1991) *Acid Politics: Environmental and Energy Politics in Britain and Germany,* London: Belhaven Press.

Boko, M., Niang, I., Nyong, A., Vogel, C., Githeko, A., Medany, M., *et al.* (2007) 'Africa', in M. L. Parry, O. F Canziani, J. P. Palutikof, P. J. van der Linden and C. E. Hanson (eds), *Climate Change 2007: Impacts, Adaptation and Vulnerability: Contribution of Working Group II to the Fourth Assessment Report of the Intergovernmental Panel on Climate Change,* Cambridge: Cambridge University Press.

Bookchin, M. (1974) *Post-scarcity Anarchism,* London: Wildwood House.

Bookchin, M. (1990) *The Philosophy of Social Ecology,* Montreal: Black Rose Books.

Boyle, D. and Simms, A. (2009) *The New Economics: A Bigger Picture,* London: Earthscan.

BP (2009) Statistical Review of Energy, June 2009. Online. Available HTTP: <http://www.bp.com/statisticalreview/> (accessed 13 March 2010).

Braverman, Harry (1974) *Labor and Monopoly Capital: The Degradation of Work in the Twentieth Century,* London: Monthly Review Press.

Braybrooke, D. and Lindblom, C. (1963) *A Strategy of Decision: Policy Evaluation as a Social Process,* New York: Free Press.

Brimblecombe, P. (1987) *The Big Smoke: A History of Air Pollution in London since Medieval Times,* London: Routledge.

British Standards Institute, AccountAbility and Forum for the Future (2003) *The Sigma Guidelines,* London: BSI. Online. Available HTTP: <http://www.projectsigma.co.uk/Guidelines/SigmaGuidelines.pdf> (accessed 13 March 2010).

Bronowski, J. (1973) *The Ascent of Man,* London: BBC.

Buckingham, S. and Turner, M. (eds) (2008) *Understanding Environmental Issues,* London: Sage.

CAG Consultants (1997) *Environmental Capital: A New Approach,* Cheltenham: Countryside Commission.

Carter, N. (2007) *The Politics of the Environment: Ideas, Activism, Policy,* 2nd edn, Cambridge: Cambridge University Press.

CEROI (2001) *Core Indicators.* Online. Available HTTP: <http://www.ceroi.net/ind/matrix.asp> (accessed 13 March 2010).

Chang, H. (2007) *Bad Samaritans: Rich Nations, Poor Policies and the Threat to the Developing World,* London: Random House Business Books.

Chase, A. (1980) *The Legacy of Malthus: The Social Cost of the New Scientific Racism,* Urbana: University of Illinois Press.

Coase, R. H. (1960) 'The problem of social cost', *Journal of Law and Economics,* 3: 1–44.

Costanza, R. (1989) 'What is ecological economics?' *Ecological Economics,* 1: 1–7.

Cotgrove, Stephen and Duff, Andrew (1981) 'Environmentalism, values and social change', *British Journal of Sociology.* 32: 92–110.

Crabbé, A. and Leroy, P. (2008) *The Handbook of Environmental Policy Evaluation,* London: Earthscan.

Crenson, M. (1971) *The Un-politics of Air Pollution,* Baltimore, MD: Johns Hopkins University Press.

Cunningham, G. (1963) 'Policy and practice', *Public Administration,*
    41: 229–37.

Dahl, R. (1961) *Who Governs?* New Haven, CT: Yale University Press.

Dalby, S. (2009) *Security and Environmental Change,* Cambridge: Polity Press.

Daly, H. E. and Farley, J. C. (2010) *Ecological Economics: Principles and
    Applications,* 2nd edn, Washington, DC: Island Press.

Dasgupta, S., Laplante, B., Meisner, C., Wheeler, D. and Yan, J. (2007) *The
    Impact of Sea Level Rise on Developing Countries: A Comparative Analysis,*
    Washington, DC: World Bank.

Dawkins, R. (1976) *The Selfish Gene,* Oxford: Oxford University Press.

Department of Energy (1989) *The Severn Barrage Project: General Report,*
    Energy Paper 57, London: HMSO.

Department of Energy and Climate Change (2008) *Analysis of Options for Tidal
    Power Development in the Severn Estuary – Interim Options Analysis Report,*
    London: DECC.

Department of Energy and Climate Change (2009) *Severn Tidal Power Phase 1
    Consultation: Government Response,* London: DECC.

Desvaux, M. (2007) 'The sustainability of human populations', *Significance,*
    4 (3): 104–7. Online. Available HTTP: <http://www.optimumpopulation.org/
    opt.submissions.html> (accessed 13 March 2010).

Deutz, P. (2009) 'Producer responsibility in a sustainable development context:
    ecological modernisation or industrial ecology?', *Geographical Journal,*
    175 (4): 274–85.

Diamond, J. (2005) *Collapse: How Societies Choose to Fail or Succeed,*
    London: Allen Lane.

Dietz, T., Dolšak, N., Ostrom, E. and Stern, P. C. (2002) 'The drama of the
    commons', in National Research Council, Committee on the Human
    Dimensions of Global Change (eds), *The Drama of the Commons,*
    Washington, DC: National Academy Press.

Dobson, A. (ed.) (1999) *Fairness and Futurity,* Oxford: Oxford University Press.

Douthwaite, B. (2002) *Enabling Innovation: A Practical Guide to
    Understanding and Fostering Technological Change,* London: Zed Books.

Dovers, S. R., Norton, T. W. and Handmer, J. W. (2001) 'Ignorance, uncertainty
    and ecology: key themes', in J. W. Handmer, T. W. Norton and S. R. Dovers
    (eds), *Ecology, Uncertainty and Policy,* Harlow: Prentice Hall.

Downs, Anthony (1972) 'Up and down with ecology: the issue-attention cycle',
    Public Interest, 28: 38–50.

Dresner, Simon (2008) *The Principles of Sustainability,* 2nd edn, London:
    Earthscan.

Dresner, S., Jackson, T. and Gilbert, N. (2006) 'History and social responses to
    environmental tax reform in the United Kingdom', *Energy Policy,*
    34 (8): 930–9.

Dror, Y. (1964) 'Muddling through – "science" or inertia?', *Public
    Administration Review,* 24: 153–7.

Dugan, E. (2010) 'Asbestos victims offered £70m support package', *Independent
    on Sunday,* 24 January.

Easton, D. (1965) *A Systems Analysis of Political Life,* New York: Wiley.

Ecologist, The (1993) *Whose Common Future?* London: Earthscan.

Eden, S. (2004) 'Greenpeace', *New Political Economy,* 9 (4): 595–610.

Elkington, J. and Hailes, J. (1988) *The Green Consumer Guide*, London: Gollancz.

Elliott, J. A. (2006) *An Introduction to Sustainable Development,* 3rd edn, Abingdon: Routledge.

Environmental Data Services (2001) 'Secondary aggregates: gearing up for new market opportunities' *ENDS Report,* 323: 29–31.

Etzioni, A. (1967) 'Mixed-scanning: A "third" approach to decision making', *Public Administration Review,* 27: 385–92.

FCCC Secretariat (1992) *Framework Convention on Climate Change*, Bonn: UN Framework Convention on Climate Change.

FCCC Secretariat (1997) *FCCC/CP/1997/CRP. 4 (9 December),* Bonn: FCCC Secretariat.

Ferguson, N. M., Ghani, A. C., Donnelly, C. A., Hagenaars, T. J. and Anderson, R. M. (2002) 'Estimating the human health risk from possible BSE infection of the British sheep flock'. Online. Available DOI: < DOI: 10. 1038/ nature709 9 January>.

Finnish Forest Research Institute (2009) *Finnish Statistical Yearbook of Forestry 2008,* Helsinki: FFIF.

Flenley, J. and Bahn, P. (2003) *The Enigmas of Easter Island,* 2nd edn, Oxford: Oxford University Press.

Fuchs, D. A. and Lorek, S. (2005) 'Sustainable consumption governance: a history of promises and failures', *Journal of Consumer Policy,* 28: 261–88.

Gaard, G. and Gruen, L. (2003) 'Ecofeminism: toward global justice and planetary health', in A. Light and H. Rolston (eds), *Environmental Ethics: An Anthology*, Oxford: Blackwell.

Galbraith, J. K. (1999) *The Affluent Society,* 5th edn, London: Penguin Economics.

Gaston, K. J. and Spicer, J. (2004) *Biodiversity: An Introduction*, Oxford: Blackwell Science.

Gibson, C., McKean, M. and Ostrom, E. (2000) *People and Forests: Communities, Institutions and Governance*, Cambridge, MA: MIT Press.

Giddens, Anthony (1999) *Runaway World: How Globalisation is Reshaping our Lives*, London: Profile.

Giddens, Anthony (2009) *The Politics of Climate Change,* Cambridge: Polity Press.

Global Commons Institute (2000) 'GCI briefing: contraction and convergence', Online. Available HTTP: <www.gci. org. uk/briefings/ICE.pdf> (accessed 13 March 2010) (originally published as Meyer, A. (2000), *Engineering Sustainability,* 157 (4): 189–92).

Global Reporting Initiative (2010) *G3 Guidelines*. Online. Available: HTTP: <http://www.globalreporting.org/ReportingFramework/G3Guidelines> (accessed 27 January 2010).

Gorelick, S. M. (2010) *Oil Panic and the Global Crisis,* Chichester: John Wiley.

Goudie, A. (2006) *The Human Impact on the Natural Environment*, 6th edn, Oxford: Blackwell.

Gouldson, A. and Murphy, J. (1997) 'Ecological modernisation: restructuring industrial economies', in M. Jacobs (ed.), *Greening the Millennium?* Oxford: Blackwell.

Greening, A. L., Greene, D. L. and Difiglio, C. (2000) 'Energy efficiency and consumption – the rebound effect – a survey', *Energy Policy,* 28 (6–7): 389–401.

Greenpeace (2010) *Reprocessing Plutonium: A Dead End.* Online. Available HTTP: <http://archive.greenpeace.org/nuclear/reprocess.html> (accessed 31 January 2010).

Greenpeace International (2010) *Peurakaira.* Online. Available HTTP: <http://www.clearcut.fi/> (accessed 6 March 2010).

Greig, A., Hulme, D. and Turner, M. (2007) *Challenging Global Inequality,* Basingstoke: Palgrave Macmillan.

Grove-White, R. (1993) 'Environmentalism: a new moral discourse?', in K. Milton (ed.), *Environmentalism: The View from Anthropology,* London: Routledge.

Ham, C. and Hill, M. (1993) *The Policy Process in the Modern Capitalist State,* Hemel Hempstead: Wheatsheaf.

Hanley, N., Shogren, J. F. and White, B. (2007) *Environmental Economics in Theory and Practice,* London: Macmillan.

Hanlon, J. (2009) 'Debt and development', in P. A. Haslam, J. Schafer and P. Beaudet (eds), *Introduction to International Development: Approaches, Actors and Issues,* Don Mills, Ontario: Oxford University Press.

Hardee-Cleaveland, K. and Banister, J. (1988) 'Fertility policy and implementation in China 1986–88', *Population and Development Review,* 14: 245–86.

Hardin, G. (1968) 'The tragedy of the commons', *Science* 162: 1243–8.

Hardin, G. (1974) 'Living on a lifeboat', *BioScience,* 24 (10): 561–8.

Harper, G. J., Steininger, M. K., Tucker, C. J., Juhn, D. and Hawkins, F. (2007) 'Fifty years of deforestation and forest fragmentation in Madagascar', *Environmental Conservation,* 34 (4): 325.

Harremoës, P., Gee, D., MacGarvin, M., Stirling, A., Keys, J., Wynne, B. and Guedes-Vaz, S. (eds) (2002) *The Precautionary Principle in the Twentieth Century,* London: Earthscan.

Hartmann, B. (1995) *Reproductive Rights and Wrongs,* Boston, MA: South End Press.

Haslam, P. A., Schafer, J. and Beaudet, P. (eds) (2009) *Introduction to International Development: Approaches, Actors and Issues,* Don Mills, Ontario: Oxford University Press.

Hatfield-Dodds, S. and Pearson, L. (2005) 'The role of social capital in sustainable development assessment frameworks', *International Journal of Environment, Workplace and Employment,* 1 (3): 383–99.

Hawken, P., Lovins, A. and Lovins, H. (1999) *Natural Capitalism,* Snowmass, CO: Rocky Mountain Institute.

Heilbroner, R. (1977) *Business Civilisation in Decline,* Harmondsworth: Penguin.

Henny, C. J., Kaiser, J. L. and Grove, R. A. (2009) 'PCDDs, PCDFs, PCBs, OC pesticides and mercury in fish and osprey eggs from Willamette River, Oregon (1993, 2001 and 2006) with calculated biomagnification factors', *Ecotoxicology,* 18: 151–73.

Henriques, Adrian and Richardson, Julie (eds) (2004) *The Triple Bottom Line: Does It All Add Up?* London: Earthscan.

Henson, R. (2008) *The Rough Guide to Climate Change,* 2nd edn, London: Rough Guides.

Hopkins, R. (2009) *The Transition: Creating Local Sustainable Communities Beyond Oil Dependency,* Sydney: Finch Publishing.

Hopwood, Anthony, Unerman, Jeffrey and Fries, Jessica (eds) (2010) *Accounting for Sustainability: Practical Insights,* London: Earthscan.

Howes, R., Skea, J. and Whelan, B. (1997) *Clean and Competitive? Motivating Environmental Performance in Industry,* London: Earthscan.

Hubbert, M. K. (1956) 'Nuclear energy and the fossil fuels', *American Petroleum Institute,* San Antonio, TX: Shell Development Company.

Hulme, M. (2009) *Why We Disagree about Climate Change: Understanding Controversy, Inaction and Opportunity,* Cambridge: Cambridge University Press.

Ikein, Augustine (1990) *The Impact of Oil on a Developing Country: The Case of Nigeria,* London: Praeger.

Illich, I. (1973) *Tools for Conviviality,* London: Fontana.

Inglehart, Ronald (1977) *The Silent Revolution,* Princeton, NJ: Princeton University Press.

Intergovernmental Panel on Climate Change (IPCC) (2007) *Climate Change 2007: Synthesis Report. Contribution of Working Groups I, II and III to the Fourth Assessment Report of the Intergovernmental Panel on Climate Change,* Geneva, Switzerland: IPCC. Online. Available HTTP: <http://www.ipcc.org.ch> (accessed 13 March 2010).

International Bank for Reconstruction and Development/World Bank (2009) *Global Economic Prospects: Commodities at the Crossroads,* Washington, DC: World Bank. Online. Available HTTP: <http://siteresources.worldbank.org/INTGEP2009/Resources/10363_WebPDF-w47.pdf> (accessed 13 March 2010).

Jackman, D. (2008) *A Handbook for Sustainable Development,* London: BSI.

Jackson, T. (1996) *Material Concerns,* London: Routledge.

Jackson, T. (ed.) (2006) *The Earthscan Reader in Sustainable Consumption,* London: Earthscan.

Jacobs, Jane M. (1993) '"Shake 'im this country": the mapping of the Aboriginal sacred in Australia – the case of Coronation Hill', in P. Jackson, and J. Penrose (eds), *Constructions of Race, Place and Nation,* London: UCL Press.

Jaeger, W. K. (2005) *Environmental Economics for Tree Huggers and Other Skeptics,* Washington, DC: Island Press.

Jäger, J. (2009) 'The governance of science for sustainability', in W. N. Adger and A. Jordan (eds), *Governing Sustainability,* Cambridge: Cambridge University Press.

Jasanoff, S. (2003) '(No?) Accounting for expertise', *Science and Public Policy,* 30 (3): 157–62.

Jeremy, D. J. (1995) 'Corporate responses to the emergent recognition of a health hazard in the UK asbestos industry: the case of T&N, 1920–60', *Business and Economic History,* 24: 254–65.

Jones, B., Kavanagh, D., Moran, M. and Norton, P. (eds) (2007) *Politics UK,* 6th edn, Harlow: Pearson Education.

Jordan, A., Wurzel, R. K. W. and Zito, A. R. (2003) 'Comparative conclusions – "new" environmental policy instruments: an evolution or a revolution in environmental policy?', *Environmental Politics,* 12 (1): 201–24.

Kahn, H., Brown, W. and Martel, L. (1976) *The Next 200 Years: Scenario for America and the World*, New York: William Morrow.

Kaski, D., Mead, S., Hyare, H., Cooper, S., Jampana, R., Overell, J., *et al.* (2009) 'Variant CJD in an individual heterozygous for PRNP codon 129', *The Lancet*, 374 (9707): 2128.

Kates, R. W., Parris, T. M. and Leiserowitz, A. (2005) 'What is sustainable development?', *Environment*, 47 (3): 8–21.

Kern, F. and Smith, A. (2008) 'Restructuring energy systems for sustainability? Energy transition policy in the Netherlands', *Energy Policy*, 36 (11): 4093–103.

King, M. (2005) 'China's infamous one-child policy', *The Lancet*, 365 (9455): 215–16.

Kjær, A. M. (2004) *Governance*, Cambridge: Polity Press.

Klare, M. T. (2008) *Rising Powers, Shrinking Planet*, New York: Holt.

Klein, N. (2000) *No Logo: No Space, No Choice, No Jobs, Taking Aim at the Brand Bullies*, London: Flamingo.

Korten, D. (2001) *When Corporations Rule the World*, 2nd edn, Bloomfield, CT: Kumarian Press.

Lamb, R. (1996) *Promising the Earth*, London: Routledge.

Lang, Peter (1994) *Lets Work: Rebuilding the Local Economy*, Bristol: Grover Books.

Leisinger, K., Schmitt, K. and Pandya-Lorch, R. (2002) *Six Billion and Counting: Population Growth and Food Security in the 21st Century*, Washington, DC: International Food Policy Research Institute.

Levitus, R. (2007) 'Laws and strategies: the contest to protect Aboriginal interests at Coronation Hill', in J. F. Weiner and K. Glaskin (eds), *Customary Land Tenure and Registration in Australia and Papua New Guinea: Anthropological Perspectives*, Canberra, Australia: ANU E Press.

Light, A. and Rolston, H. (eds) (2003) *Environmental Ethics: An Anthology*, Oxford: Blackwell.

Lomborg, B. (2007) *Cool It: The Skeptical Environmentalist's Guide to Global Warming*, London: Marshall Cavendish.

Loorbach, D. (2010) 'Transition management for sustainable development: a prescriptive, complexity-based governance framework', *Governance*, 23 (1): 161–83.

Lovelock, J. (1991) *Gaia: The Practical Science of Planetary Medicine*, London: Gaia Books.

Lowe, Philip and Goyder, Jane (1983) *Environmental Groups in Politics*, London: George Allen and Unwin.

Lozano, R. and Huisingh, D. (2010) 'Inter-linking issues and dimensions in sustainability reporting', *Journal of Cleaner Production*, in press.

Lukes, S. (1974) *Power: A Radical View*, London: Macmillan.

Lunt, D. J., Ridgwell, A., Valdes, P. J. and Seale, A. (2008) '"Sunshade world": A fully coupled GCM evaluation of the climatic impacts of geoengineering', *Geophysical Research Letters*, 35: L12710.

Lynas, M. (2008) *Six Degrees: Our Future on a Hotter Planet*, London: Harper Perennial.

Lyon, D. (1999) *Postmodernity*, 2nd edn, Buckingham: Open University Press.

McConnell, W. J., Sweeney, S. P. and Mulley, B. (2004) 'Physical and social access to land: spatio-temporal patterns of agricultural expansion in Madagascar', *Agriculture, Ecosystems and Environment,* 101 (2–3): 171–84.

McCormick, J. (1995) *The Global Environmental Movement*, Chichester: John Wiley.

MacGarvin, M. (2002) 'Fisheries: taking stock', in P. Harremoës *et al.*(eds), *The Precautionary Principle in the Twentieth Century*, London: Earthscan.

McKean, M. A. (2000) 'Common property: what is it, what is it good for, and what makes it work?' in C. Gibson, M. McKean and E. Ostrom, *People and Forests: Communities, Institutions and Governance*, Cambridge, MA: MIT Press.

McKillop, A. and Newman, S. (eds) (2005) *The Final Energy Crisis*, London: Pluto Press.

McLaren, D., Bullock, S. and Yousuf, N. (1998) *Tomorrow's World*, London: Earthscan.

Maharaj, Niala and Dorren, Gaston (1995) *The Game of the Rose: The Third World in the Global Flower Trade*, Utrecht, Netherlands: International Books.

Malpas, S. (2005) *The Postmodern,* Abingdon: Routledge.

Malthus, T. (1803) *An Essay on the Principle of Population*, selected and introduced by Winch, D. (1992), Cambridge: Cambridge University Press.

Marsh, D. and Rhodes, R. (1992) *Policy Networks in British Government*, Oxford: Oxford University Press.

Martinez-Allier, J. (1995) 'Political ecology, distributional conflicts and economic incommensurability', *New Left Review,* 211: 70–8.

Maslow, Abraham (1970) *Motivation and Personality*, New York: Harper and Row.

Max-Neef, M. A. (1991) *Human Scale Development*, London: Apex Press.

Meadows, D. H., Meadows, D. L., Randers, J. and Behrens, W. W. (1972) *The Limits to Growth: A Report for the Club of Rome's Project on the Predicament of Mankind*, London: Earth Island.

Meadows, D. H., Meadows, D. L. and Randers, J. (1992) *Beyond the Limits*, London: Earthscan.

Miliband, R. (1969) *The State in Capitalist Society*, London: Weidenfeld and Nicolson.

Millar, C. (2001) 'Green funds and their growth and influence on corporate environmental strategy', in R. Hillary (ed.), *Environmental Management Handbook: The Challenge for Business*, London: Earthscan.

Millennium Ecosystem Assessment (2005) *Ecosystems and Human Well-being: Biodiversity Synthesis,* World Resources Institute, Washington, DC. Online. Available HTTP: <http://www.millenniumassessment.org/documents/document.354.aspx.pdf> (accessed 13 March 2010).

Miller, G. T. and Spoolman, S. (2009) *Living in the Environment*, Belmont, CA: Brooks/Cole Publishing.

Mol, A. (1995) *The Refinement of Production: Ecological Modernisation Theory and the Chemicals Industry,* The Hague: CIP-Data Koninklijke Bibliotheek.

Mol, A. P. J. and Spaargaren, G. (2009) 'Ecological modernisation and industrial transformation' in N. Castree, D. Demeritt, D. Liverman and B. Rhoads (eds), *A Companion to Environmental Geography*, Oxford: Blackwell.

Murphy, D. F. and Bendell, J. (2001) 'Getting engaged: business–NGO relations on sustainable development' in R. Starkey and R. Welford (eds), *The Earthscan Reader in Business and Sustainable Development*, London: Earthscan.

Murphy, J. (ed.) (2007) *Governing Technology for Sustainability,* London: Earthscan.

Myers, N. (ed.) (1994) *The Gaia Atlas of Planet Management*, London: Gaia Books.

Naess, A. (1973) 'The shallow and the deep, long range ecology movement: a summary', *Inquiry,* 16: 95–100.

Naess, A. (1988) 'The basics of deep ecology', *Resurgence* 126: 4–7.

National Research Council (2002) *The Drama of the Commons*, Committee on the Human Dimensions of Global Change, E. Ostrom, T. Dietz, N. Dolšak, P. C. Stern, S. Stovich and E. U. Weber (eds), Washington DC: National Academy Press.

National Society for Clean Air (2002) *Pollution Handbook*, Brighton: NSCA.

Nelson, Jane, Zollinger, Peter and Singh, Alok (2001) *The Power to Change*, London: International Business Leaders Forum and SustainAbility.

Nestle, M. (2007) *Food Politics: How the Food Industry Influences Nutrition and Health,* London: University of California Press.

Newhouse, M. L. and Thompson, H. (1965) 'Mesothelioma of pleura and peritoneum following exposure to asbestos in the London area', *British Journal of Industrial Medicine,* 22: 261–9.

Newton, K. (2007) 'Civil societies: social capital in Britain', in B. Jones *et al.* (eds), *Politics UK*, Hemel Hempstead: Prentice Hall.

North, R. D. (1995) *Life on a Modern Planet*, Manchester: Manchester University Press.

Nowak, R. (2007) 'China special: one child, one big problem', *New Scientist,* 196 (2629): 62–3.

Oakley, R. and Buckland, I. (2004) 'What if business as usual won't work?' in A. Henriques and J. Richardson (eds), *The Triple Bottom Line: Does It All Add Up?* London: Earthscan.

OECD (2003) *Glossary of Statistical Terms.* Online. Available HTTP: <http://stats.oecd.org/glossary/> (accessed 23 October 2009).

Office of Civilian Radioactive Waste Management (1998) *Viability Assessment of a Repository at Yucca Mountain: Overview*. Online. Available HTTP: <http://www.ocrwm.doe.gov/uploads/1/Viability_Overview_b_1.pdf> (accessed 13 March 2010).

O'Keefe, A. (2006) 'Planet saved? Why the green movement is taking to the streets', *New Statesman,* 135 (4817): 12–15.

Olivier, J. G. J., Van Aardenne, J. A., Dentener, F., Ganzeveld, L. and Peters, J. A. (2005) 'Recent trends in global greenhouse gas emissions: regional trends and spatial distribution of key sources', in A. van Amstel (ed.), *Non-CO$_2$ Greenhouse Gases (NCGG-4)*, Rotterdam: Millpress.

Ophuls, W. (1977) *Ecology and the Politics of Scarcity*, San Francisco, CA: Freeman.

O'Riordan, T. (1995) 'Core beliefs and the environment', *Environment,* 37 (8): 4–9, 25–9.

O'Riordan, T. (2009) 'Reflections on the pathways to sustainability' in W. N. Adger and A. Jordan (eds), *Governing Sustainability*, Cambridge: Cambridge University Press.

Ostrom, Elinor (1990) *The Evolution of Institutions for Collective Action*, Cambridge: Cambridge University Press.

Oxfam International (2009) *Empty Promises: What Happened to 'Development' in the WTO's Doha Round?* Oxford: Oxfam International.

Paterson, M. (2009) 'Global governance for sustainable capitalism? The political economy of global environmental governance', in W. N. Adger and A. Jordan (eds), *Governing Sustainability*, Cambridge: Cambridge University Press.

Pearce, D. W., Markandya, A. and Barbier, E. (1989) *Blueprint for a Green Economy*, London: Earthscan.

Pearce, D. W. and Turner, R. K. (1990) 'The historical development of environmental economics', in D. W. Pearce and R. K. Turner (eds), *Economics of Natural Resources and the Environment*, Hemel Hempstead: Harvester Wheatsheaf.

Pearce, D. W. and Barbier, E. (2000) *Blueprint for a Sustainable Economy*, London: Earthscan.

Pepper, David (1996) *Modern Environmentalism*, London: Routledge.

Pielke, R. A. (2009) 'An idealized assessment of the economics of air capture of carbon dioxide in mitigation policy', *Environmental Science and Policy*, 12 (3): 216–25.

Pierce-Colfer, Carol J. and Resosudarmo, Pradnja (eds) (2001) *Which Way Forward: People, Forests, and Policymaking in Indonesia*, Washington, DC: RFF Press.

Ponting, Clive (2007) *A New Green History of the World: The Environment and the Collapse of Great Civilisations*, London: Penguin Books.

Popper, K. (1965) *The Logic of Scientific Discovery*, New York: Harper and Row.

Porritt, J. (1997) 'Environmental politics: the old and the new' in M. Jacobs (ed.), *Greening the Millennium? The New Politics of the Environment*, Oxford: Political Quarterly Publishing.

Porritt, J. (2000) *Playing Safe: Science and the Environment*, London: Thames and Hudson.

Powell, J. (1998) *Postmodernism for Beginners*, London: Writers and Readers.

Princen, T. (2005) *The Logic of Sufficiency*, Cambridge, MA: MIT Press.

Quinn, L. and Sinclair, A. J. (2006) 'Policy challenges to implementing extended producer responsibility for packaging', *Canadian Public Administration*, 49 (1): 60–79.

Radetzki, M. (2008) *A Handbook of Primary Commodities in the Global Economy*, Cambridge: Cambridge University Press.

Redclift, M. (1987) *Sustainable Development: Exploring the Contradictions*, London: Methuen.

Reinhardt, F. (1992) 'Du Pont Freon® Products Division', in R. Buchholz, A. Marcus and J. Post (eds), *Managing Environmental Issues: A Casebook*, Englewood Cliffs, NJ: Prentice Hall.

Retallack, S., Lawrence, T. and Lockwood, M. (2007) *Positive Energy: Harnessing People Power to Prevent Climate Change*, London: IPPR.

Roberts, J., Elliott, D. and Houghton, T. (1991) *Privatising Electricity*, London: Belhaven.

Roberts, N. (1998) *The Holocene: An Environmental History*, Oxford: Basil Blackwell.

Rockstrom, J., Steffen, W., Noone, K., Persson, A., Chapin, F. S., Lambin, E. F., *et al.* (2009) 'A safe operating space for humanity', *Nature*, 461: 471–5.

Rootes, C. (2007) 'Nature protection organisations in England', in C. S. A. van Koppen and W. T. Markham (eds), *Protecting Nature: Organisations and Networks in Europe and the USA*, Cheltenham: Edward Elgar.

Rose, S. (1997) *Lifelines: Biology, Freedom, Determinism*, Harmondsworth: Penguin.

Rosenblum, J. (2000), *Air BP (BP Amoco): A TNS Case Study*. Online. Available HTTP: <http://www.naturalstep.it/learn/docs/articles/airbpcase.pdf> (accessed 27 January 2010).

Royal Commission on Environmental Pollution (1985) *Managing Waste: The Duty of Care*, Cmnd. 9675, London: HMSO.

Royal Society (2009) *Geoengineering the Climate: Science, Governance and Uncertainty*, London: The Royal Society.

Russo, M. V. (2008) *Environmental Management: Readings and Cases*, 2nd edn, London: Sage.

Sachs, J. D. (2008) *Common Wealth*, New York: Penguin.

Satterthwaite, D. (2007) *The Transition to a Predominantly Urban World and its Underpinnings*, London: IIED. Online. Available HTTP: <http://www.iied. org/pubs/pdfs/10550IIED.pdf> (accessed 13 March 2010).

Sawyer, S. and Agrawal, A. (2000) 'Environmental Orientalisms', *Cultural Critique*, 45: 71–108.

Scanlon, L. J. and Kull, C. A. (2009) 'Untangling the links between wildlife benefits and community-based conservation at Torra Conservancy, Namibia', *Development Southern Africa*, 26 (1): 75–93.

Schmidt, G., Wolfe, J. and Sachs, J. D. (2009) *Climate Change: Picturing the Science*, New York: W. W. Norton.

Schmitter, P. (1979) 'Still the century of corporatism?', in P. Schmitter and G. Lembruch (eds), *Trends Towards Corporatist Intermediation*, London: Sage.

Schneider, S. H., Rosencranz, A., Mastrandrea, M. D. and Kuntz-Duriseti, K. (eds) (2010) *Climate Change Science and Policy*, Washington, DC: Island Press.

Schumacher, E. F. (1973) *Small is Beautiful*, London: Vintage.

Seyfang, Gill (2006) *Community Currencies: A New Tool for Sustainable Consumption?* CSERGE Working Paper EDM 06–09. Online. Available HTTP: < http://www.uea.ac.uk/env/cserge/pub/wp/edm/edm_2006_09.pdf > (accessed 12 March 2010).

Sheldon, C. and Yoxon, M. (2006) *Environmental Management Systems*, 3rd edn, London: Earthscan.

Simon, H. (1945) *Administrative Behaviour*, Glencoe, IL: Free Press.

Simon, J. (1997) *The Ultimate Resource 2*, Princeton, NJ: Princeton University Press.

Singer, P. (2002) *One World. The Ethics of Globalization*, New Haven, CT: Yale University Press.

Sokal, A. (2008) *Beyond the Hoax: Science, Philosophy and Culture,* Oxford: Oxford University Press.

Stern, N. (2007) *The Economics of Climate Change: The Stern Review,* Cambridge: Cambridge University Press.

Stiglitz, J. (2002) *Globalisation and Its Discontents*, London: Allen Lane.

Sutton, P. (2000) *Explaining Environmentalism*, Aldershot: Ashgate.

Taylor, M. (2009) 'The international financial institutions', in P. A. Haslam, J. Schafer and P. Beaudet (eds), *Introduction to International Development: Approaches, Actors and Issues*, Don Mills, Ontario: Oxford University Press.

The Natural Step (2010) 'The four system conditions'. Online. Available HTTP: < http://www.naturalstep.org/the-system-conditions > (accessed 13 March 2010).

Toke, D. (2005) 'Explaining wind power planning outcomes: some findings from a study in England and Wales', *Energy Policy,* 33 (12): 1527–39.

Turner, R. K. (1993) 'Sustainability: principles and practice', in R. K. Turner (ed.), *Sustainable Environmental Economics and Management*, London: Belhaven.

Tweedale, G. (2000) *Magic Mineral to Killer Dust: T&N and the Asbestos Hazard*, Oxford: Oxford University Press.

United Nations (2009) *The Millennium Development Goals Report 2009*, New York: United Nations.

United Nations Conference on Environment and Development (1993) *Agenda 21 the United Nations Programme of Action from Rio*, New York: United Nations.

United Nations Economic Commission for Europe (2000) *2000 Review of Strategies and Policies for Air Pollution Abatement*, Geneva: UNECE.

United Nations Environment Programme (UNEP) (2002) *Integrated Assessment of Trade Liberalization and Trade-Related Policies: A Country Study on the Fisheries Sector in Senegal,* New York and Geneva: United Nations.

United Nations Environment Programme (2009) *Handbook for the Montréal Protocol on Substances that Deplete the Ozone Layer*, Nairobi: UNEP. Online. Available HTTP: < http://ozone.unep.org > (accessed 13 March 2010).

United Nations Environment Programme (2010) *UNEP Yearbook: New Science and Developments in our Changing Environment*, Nairobi: UNEP.

United Nations Population Division (2008) *World Population Prospects: The 2008 World Population Database.* Online. Available HTTP: < http://esa.un.org/unpp/ > (accessed 23 October 2009).

US Environmental Protection Agency (1993) *The Plain English Guide to the Clean Air Act*, Research Triangle Park, NC: USEPA.

Virah-Sawmy, M. (2009) 'Ecosystem management in Madagascar during global change', *Conservation Letters,* 2 (4): 163–70.

von Weizsäcker, E., Lovins, A. and Lovins, H. (1997) *Factor Four: Doubling Wealth, Halving Resource Use*, London: Earthscan.

von Weizsäcker, E., Hargroves, K., Smith, M. H., Desha, C. and Stasinopoulos, P. (2009) *Factor Five: Transforming the Global Economy through 80% Improvements in Resource Productivity,* London: Earthscan.

Wackernagel, M. and Rees, W. (1996) *Our Ecological Footprint*, Gabriola Island, BC: New Society Publishers.

Wade, R. H. (2004) 'Is globalization reducing poverty and inequality?', *World Development,* 32 (4): 567–89.

Weale, A. (2009) 'Governance, government and the pursuit of sustainability', in W. N. Adger and A. Jordan (eds), *Governing Sustainability,* Cambridge: Cambridge University Press.

Weitzman, M. L. (1998) 'Why the far-distant future should be discounted at its lowest possible rate', *Journal of Environmental Economics and Management,* 36 (3): 201–8.

Welford, R. (2003) 'Beyond systems: a vision for corporate environmental management for the future', *International Journal of Environment and Sustainable Development,* 2 (2): 162–73.

Welford, R. (2009) *Corporate Environmental Management 1: Systems and Strategies,* London: Earthscan.

Wigley, T. M. L. (2006) 'A combined mitigation/geoengineering approach to climate stabilization', *Science,* 314 (5798): 452–4.

Wilson, Edward O. (1975) *Sociobiology: The New Synthesis,* Cambridge, MA: Harvard University Press.

Wilson, Edward O. (2002) *The Future of Life,* London: Little, Brown.

Winch, D. (1992) 'Introduction', to T. Malthus [1803] *An Essay on the Principle of Population,* selected and introduced by D. Winch, Cambridge: Cambridge University Press.

Winter, M. (1996) 'Intersecting departmental responsibilities, administrative confusion and the role of science in government: the case of BSE', *Parliamentary Affairs,* 49: 550–65.

Witbooi, E. (2008) 'Governing global fisheries: commons, community law and third-country coastal waters', *Social and Legal Studies,* 17 (3): 369–86.

Wolf, Arthur (1986) 'The pre-eminent role of government intervention in China's family revolution,' *Population and Development Review,* 12: 101–16.

Working Group on Climate Change and Development (2006) *Africa – Up in Smoke? 2,* London: NEF/IIED.

World Bank (2009) *World Development Indicators 2009,* Washington: World Bank. Online. Available HTTP: < http://www.worldbank.com/data/wdi2009/ > (accessed 9 December 2009).

World Commission on Environment and Development (1987) *Our Common Future,* Oxford: Oxford University Press.

World Summit on Sustainable Development (2002) 'The Johannesburg Summit test: What will change?'. Online. Available HTTP: < http://www. johannesburgsummit.org/ > (accessed 3 March 2010).

World Trade Organisation (2008) *Understanding the WTO,* Geneva: WTO. Online. Available HTTP: < http://www.wto.org/english/thewto_e/whatis_e/ tif_e/understanding_e.pdf > (accessed 23 January 2010).

WWF International (2008) *Living Planet Report 2008,* Gland, Switzerland: WWF International.

Young, Elspeth (1995) *Third World in the First,* London: Routledge.

索 引[①]

Page numbers in *italics* represent tables; page numbers in **bold** represent figures.

Accommodators 63
acid rain 147
Acidification Strategy 177
Adams, W.M. 183
adaptation 53, 54, 55
Adger, W.N.: and Jordan, A. 115
advertising industry 51
advertising 66
affluence 47, 67
Africa 53–5
African cities: population 32
Agenda 21 190, 191
agriculture 47, 70, 71, 72, 106, 154;
    Africa 54; technology 110
Air BP 142, 143
air pollution 26, 156, 157;
    trans-boundary 176, 180
air quality 37
air travel 142
American Revolution 71
animal protection 150
anthropocentrism 39
anti-nuclear campaigns 152
antibiotics 107
anticipated reactions 157
appropriate technology 110, 111,
    114, 115
Arab–Israeli War 183
Arctic 23
Arctic wastes 19
armaments 183
armed conflict 199
asbestos 125–7
Asbestosis Research Council (ARC)
    126
asthma 26

Australia 59, 60, 141, 196, 213

back-casting 141
Bahn, P.: and Flenley, J. 49
Bali roadmap 196
Bangladesh 28
banking system 183
Beck, U. 102
Bendell, J.: and Murphy, D.F. 133
Bentley, R.W.: Mannan, S.A. and
    Wheeler, S.J. 17
Best Available Techniques (BAT)
    91, 92, 94
Best Practicable Environmental
    Option (BPEO) 118
bioaccumulation 25
biodegradation 25, 26
biodiversity 2, 7, 32–5, **34**, 86, 197;
    Finland 82; loss of 79;
    measurement 33
Biodiversity Convention 190, 196,
    197, 198
biomagnification 25
birth control 72, 74
birth rate 71, 76
Bookchin, M. 65
bovine spongiform encephalopathy
    (BSE) 97, 98, 99, 101
branding 182
Braverman, H. 51
Brazil 196
Brent Spar oil platform 133
Brimblecombe, P. 44
British Standards Institute (BSI) 138
Bronowski, J. 43
Brundtland, G.H. 78

---

① 为方便读者查阅，本书按原版复制索引，其中所列页码均为原版书页码。

Brundtland Commission 174, 233
The Brundtland Report 76, 77, 190
Bush, G.W. 103, 195, 196
business as usual policies 208

Cadbury 125
Cadbury Schweppes 152
Canada 128, 176, 197
cap and trade 211, 212
capital 85
carbon cycle 22
carbon: dioxide 159, 194; emissions
    22, 158, 177, 178; Framework
    Convention on Climate Change
    108; nuclear power 114, 204–5;
    organic waste 25; sea-level rise
    39, 102; Severn barrage 111, 114,
    205
carbon footprint 90, 93, 112
carbon sinks 28
cause groups 149, 150, 172, 174
certifiers 138
Chang, H. 186
Chase Manhattan Bank 126
chemical industry 154
child labour 125, 133, 140, 189
child mortality 30
China 90, 168–70, 196
Chlorofluorocarbons (CFCs) 127–30
citizen participation 77
Clean Development Mechanism
    (CDM) 177
climate change 2, 3, 23, 28, 35, 232;
    accelerating 228; Africa 53–5;
    policies 208, 209, 210
Climategate 230
Co-operative Bank 141
coal 7, 11, *20*, 153, 171
Coalition for Environmentally
    Responsible Economies (CERES)
    140
Coase, R.H. 212
coastal areas: Africa 54
coastal defences 41

coastal erosion 26–9
colonialism 65
combustion 25
common pool resource theory 4, 231
common pool resources 57
common property regimes *57*
community conservation 79
community-based natural resource
    management (CBNRM) 79
Conference of the Parties (COPs)
    194, 197
conservation: Namibia 79, 80
constant environmental capital 87, 88
consumption patterns 50, 51, 52, 66,
    67, 102, 117
contingent valuation 217
Convention on Long-range
    Transboundary Air Pollution 177
contract and converge model (C&C)
    191, 192, **192**, 193
Copenhagen Accord 196, 199
copper resource cycle 8, **10**
Corn Laws 71
Cornucopians 63, 71
Coronation Hill 59, 60, 61
corporate environmental policy 124,
    130, 131, 134, 135; developing
    135–7
Corporate Social Responsibility
    (CSR) 131, 139
corporatism 154
cost–benefit analysis 218, 219
Cotgrove, S.: and Duff, A. 64
Cox, V. 143
Crabbé, A.: and Leroy, P. 171
Crenson, M. 156
Creutzfeld Jakob disease (CJD) 98,
    99; *see also* bovine spongiform
    encephalopathy (BSE)
critical environmental capital 87

dams 183
Dawkins, R. 44
DDT 142

death rate 73, 76

debt 182–6, **185**

decision making; citizen participation 77, 174; incrementalist 161, 231; international level 172, 181, 201; methods 158; mixed scanning 158, 162; models of 158; rational-comprehensive 158, 162

deep ecology 65

deep environmentalists 62

deforestation 35, 49, 83, 147; Africa 54

degradation 24, 26

demand; management 121; pollution taxes 211, 214; rational consumers 225; stated preferences 217

democracy 157

Denmark 213

deoxyribonucleic acid (DNA) 32, 33

Descartes, René 100

Deutz, P. 213

developing countries 184: appropriate technology 110; Biodiversity Convention 190, 196, 197; debt 200, 224; forest resources 103; Global Environment Facility 191; hazards 84, 227; Heavily Indebted Poor Countries 185; manufacturing 92, 116, 120; population growth 168, 170; renewable energy 171, 194, 198; trade 207

direct action 152

discount rates 204

discourse 61, 62, 65, 67, 181, 231, 232; role of 150

discourse analysis 61

dispersal 24

dispersion 26

DNA 32, 33

Doha Round 187, 188, 189, 199

Downs, A. 146; issue-attention cycle 146, 147, **147**

Dror, Y. 161

droughts 39, 53, 183

Du Pont 127–30

Duff, A.: and Cotgrove, S. 64

Dutch National Environmental Policy Plan 159

Earth Summit (1992) 2, 189, 190, 222

earthquakes 36, 39, 40

East Africa 184

Easter Island 48–50, 52; statues **48**, 49

Easton, D. 147

eco-efficiency 93, 117

eco-feminism 65

Eco-management and Audit Scheme (EMAS) 137, 139, 140

ecocentrism 61, 62, 65

ecological economics 5, 223, 225

ecological footprint 89, 90, **90**, 91, 122

ecological modernisation 115–17, 123, 131, 156, 166, 230

economics 4, 85, 222,

economic capital 86

economic growth 72, 75, 77, 78, 115, 219, 220

economic instruments 165, 166, 169, 210–15

ecosystem diversity 33

ecosystems: Africa , 53, 54, 126, 182, 184

efficiency 115; economic 4–5, 231; energy 7, 8, 14, 104, 114; market forces 181, 195, 203; The Natural Step 141; resource 203, 207, 214, 221

electricity generation 112, 114, 121, 171

elite theory 154

Emissions trading scheme (ETS) 177

employees 134
end-of-pipe technologies 117, **117**, 123
energy 19, 154; efficiency 75, 93, 104; flows 8; services 121; sources 71; technology 43
Energy Transition Project (ETP) 158–60
enforcement 163
English Poor Laws 71
Enlightenment 102
Environment Agency (EA) 92
environmental aspects 139
environmental auditing 135
environmental capital 6, 7, 10, 35, 52, 62, 79, 86; abuse of 53; common 176; depletion 162, 201; exploitation 4, 109
environmental economics 5, 201–26
environmental groups 63, 64, 130, 149
environmental impacts 92, 139
environmental issues 91, 147, 151; on business agenda 125; international 228
environmental Kuznets curve 116, **116**, 229
environmental management 11, 29, 91; corporate 131
environmental management systems 134, 136, **136**, 137, 139
environmental policy 4, 5, 40, 41, 66, 227; changing role 4; corporate 136, 137; definition 2, 40, 136; evaluation 171, 172; goals 68, 69; importance 2, 3; toolbox 5, 230, 231
environmental problems 3, 4, 7, 37–40, 44, *96*, 146, 199; avoidance 178; causes 39, 40, 53; definition 37; future 67; macro-problems 95, 97; meso-problems 95, 97; micro-problems 95, 97; solving 2

environmental protection 79, 115, 172, 188, 189, 228
environmental services 6, 7, 18, 32, 39, 85; distribution 78; overuse 47
environmental sinks 18, *20*, *21*, 89, 118, 119
environmental space 89
environmental valuation: limitations 216
environmentalism 65, 67; of the poor 64
equality 78
equity 78, 84, 89, 105, 109, 166, 174, 184, 191
Etzioni, A. 162
European Commission (EC) 177
European Eco-Management and Audit Scheme (EMAS) 137, 139, 143
European Emissions Trading Scheme 164
European Union (EU) 91, 176, 177, 178, 179, 180
evaluation of policy 226, 227
evolution 32, 33
exports 182, 184
external costs 207, 210. 215, 220
externalities 214, 218, 222
extinction 35, 39, 86; palms 49
extrinsic values 61, 62, 63

Factor Four/Factor Five 120, 123
fair trade 189, 225
falsification 52, 101
famine 30, 47
Federal Mogul 127
fertility rates 42
financial capital 7
Finland 78, 81, 82, 83
fish 11, 12; *see also* marine species
fish resource cycle 8, **9**
fish stocks 88, 198; sustainable management 179, 180

fisheries 15
fishing 179, 180
Flenley, J.: and Bahn, P. 49
floods 36, 39, 53, 83, 183
flow and stock resources 10–12
food 46, 47; chain 24, 25; production 2, 71, 72, 73, 230; shortages 49; supply 70
Fordism 51
forest management: Finland 81, **81**, 82, 83; Madagascar 83, 84; reforestation 53
forestry 11, 34, 97
forests 15, 95, 197, 198
formative evaluation 171
fortress conservation 79
fossil fuels 10, 15, 22, 23, 32, 54, 82, 142; taxes 115
Fourth Assessment Report (IPCC) 23, 27
Framework Convention on Climate Change (FCCC) 190, 191, 194, 195, 196
free markets 186, 202
free trade 72
French Revolution 70
Friends of the Earth 150, 151, 152, 153
Fuchs, D.A.: and Lorek, S. 93
fuel protests 148
fuels 15
future generations 170
futurity 84, 105, 110, 186; markets 203, 204, *204*, 205, 206

Gaia hypothesis 100, 101
Galbraith, J.K. 35
gaseous waste 19
General Agreement on Tariffs and Trade (GATT) 187, 188
General Agreement on Trade in Services (GATS) 188
genetic biodiversity 33
genetic diversity 33

genetically modified organisms 103, 152
geo-engineering 107, 108
Germany 213
Giddens, A. 199, 232
global economic system 181
global environment: management 175
Global Environment Facility (GEF) 191
global inequality 181
global population 56
Global Reporting Initiative (GRI) 140, 141
global warming 32, 36, 40, 67, 97, 142, 147, *see also* greenhouse gases
globalisation 62, 65, 181, 182, 201, 223
Gorelick, S.M. 17
Gothenburg Protocol 177
Gouldson, A.: and Murphy, J. 115
governance 115, 132, 155, 174, 231; structures 180, 199
governance theory 156, 166
government 115, 116, 130, 132, 148, 149, 154; absence 175
government regulation 131, 132
government subsidies 186, 215
government–interest group interaction 78, 103, 132, 153,
green consumerism 132, 167
green taxes 159, 231
greenhouse gases 23, 53, 107; Africa 54; reduction 28; stabilisation 192; USA 196; *see also* global warming
Greenpeace 120, 149, 151, 152, 153
Gross Domestic Product (GDP) 116, 219, 220
Gross National Product (GNP) 219, 220
growth (limits to) 69, 72–5, **73**, **74**, 86, 93; as a policy goal 76
groynes 27

Hardin, G. 52, 53, 56
health: Africa 54
health and safety: workplace 125,
　126
Heavily Indebted Poor Countries
　(HIPC) programme 185
hierarchy of needs 46, 49
holistic approaches 100–1, 115, 225
Hopkins, R. 225
Hubbert curve 15–17
Huisingh, D.: and Lozano, R. 140
Hulme, M. 232
human behaviour 4, 44, 45, 46, 95
human nature 43, 44, 67
human needs 37, 38, 45–52, 78, 109,
　122, 201, 229
human rights 56, 168, 175
hydrological cycle **12**
hypothecation 214, 215

Ice Ages 22
Iceland (country) 194
IKEA 141
imports 183, 188; tariffs 186
incrementalist decision making 161,
　162
India 30, 196; population 30
Indonesia 38, 184
industrial policy 115
industrial production 72
Industrial Revolution 22, 50, 63, 102
industrialisation 35, 36, 125, 197
industry 115, 132
inequality 182, 184
infant mortality 71, 107
Inglehart, R. 63, 64
insider groups 151, 153, 154, 158
Integrated Pollution Prevention
　Control (IPPC) Directive 91, 92
inter-generational costs 205, 206, 207
inter-generational equity 78, 89
inter-mediation 154
interest group representation 153–5,
　172

interest groups 149, 174, 181; and
　representation 148, 149, **149**
Interface (US carpet company) 121,
　122, 141, 142
Intergovernmental Panel on Climate
　Change (IPCC) 23
intermediate technologies 115
international equity 193
international law 176
International Monetary Fund (IMF)
　183, 184, 185
International Standards Organisation
　(ISO) 137
international trade 181, 201;
　regulation 187
intra-generational equity 109
intrinsic values 61, 62, 63
investors 133, 134
Iranian Revolution 183
irrigation 106, 107
ISO 14000 series 137–9, 143
issue attention cycle 147, 172
issue networks *156*, 172

Jackson, T. 117
Jacobs, J.M. 60
Japan 221
Jasanoff, S. 103
Johannesburg Summit 198
Jordan, A.: and Adger, W.N. 115
Jubilee Movement International for
　Economic and Social Justice 185

Korten, D. 144
Kull, C.A.: and Scanlon, L.J. 80
Kyoto Protocol 177, 194, 195, *195*,
　196, 232

labour 85
land resource 8, 85
landfill sites 19, 22, 26, 37, 88
Lapland 82
laws 163, 164
legislation 163, 164

Leroy, P.: and Crabbé, A. 171
liability legislation 131
life expectancy 107
life-cycle assessment (LCA) 118, 135
lifeboat model 56, 58
limited liability 124
limits to growth 63, 69, 72, 75
Lindblom, C. 161
lobbying 150, 151
local communities and NGOs 133
local exchange trading systems (LETS) 223, 224, 225
Lorek, S.: and Fuchs, D.A. 93
Los Angeles 121
Lovelock, J. 100, 101
Lozano, R.: and Huisingh, D. 140
Lukes, S. 157
Lyon, D. 50, 51

McDonalds 132, 133
mad cow disease see bovine spongiform encephalopathy (BSE)
Madagascar 78, 83, 84
malaria 54
malnutrition 37; Africa 54
Malthus, T.R. 70
Malthusianism 70, 71, 72
mangroves 27
Mannan, S.A.: Wheeler, S.J. and Bentley, R.W. 17
manufacturing 116, 154
market economics 182
Margulis, L. 101
marine species 39; see also fish
market based economic systems 182
markets: and sustainability 203
Martinez-Alliier, J. 64
Marxism 154
Maslow, A. 45, 51; hierarchy of needs 46, **46**, 47, 63
materialist values 64

Max-Neef, M.A. 47, 48, 51, 52
Meadows, D.H. 72, 75
media 146, 149, 150, 151, 229
Mexico 183
micro-economics 219, 222
Middle East 228
migration 55, 83, 199
Miliband, R. 154
mineral extraction 18
mineral resources 13, 14, 15, 34, 59, 60
mining 15, 35, 59, 60
mitigation 53
mitigation policies 209, 210
mixed scanning 162
modernity: definition 50
Mol, A. 156
Montreal Protocol 128, 232
moral restraint 71
Multilateral Debt Relief Initiative 185
multinational corporations (MNCs) 144, 180, 182, 187
Murphy, D.F.: and Bendell, J. 133
Murphy, J.: and Gouldson, A. 115
mutual coercion 4, 56, 57
mutual partisan adjustment 161
Myers, N. 38

Naess, A. 61
Namibia 78, 79, 80
National Adaptation Programmes of Action 28
National Parks 56
national sovereignty 175, 176
National Trust 150
natural resources 72; access to 79
natural selection 33, 44
The Natural Step (TNS) 141–3, *142*
nature and nurture 44, 45
needs 47, 48, 50; post-modern society 50–2
Nestlé 132
Nestle, M. 132

net national product (NNP) 220
net present value (NPV) 204, 218
Netherlands 158–60
new environmental policy
    instruments (NEPI) 165, 166,
    167, 168, 169, 231
Newton, K. 36
Niger 28
Nigeria 184
no-regrets strategies 104, 131
noise energy 19
noise pollution 36
non-decision making 157
non-governmental organisations 78,
    131
non-renewable resources 10, 11, 13,
    89
North, R.D. 38
Norway 128, 194, 221
nuclear power 62, 114, 120, 205,
    206
nuclear waste 66, 152
Nuclear Waste Policy Act 205, 206
nuclear weapons 103

Obama, B. 196
oceans 8, 12
oil 15, 228; peak oil 15–17, 40;
    prices 183; scarcity 17
oil production: USA 16, **16**; world
    16, 17
O'Keefe, A. 153
open-access resources 57, 207
optimism 50
organic waste 25
Organisation for Economic
    Cooperation and Development
    (OECD) 18, 210
O'Riordan, T. 62, 63, 147
Ostrom, E. 57, 231
outsider groups 151, 153
outsourcing of production 139
Oxfam 150
ozone depletion 36, 97, 118, 191

Paine, T. 70
paternalism 157
peace 199
peak oil 15–17, 40
Pearce, D.W.: and Turner, R.K. 201
persuasion 166, 167, 168, 169
pessimism 4, 66, 75, 104–6, **106**,
    229
pesticides 24, 25, 36, 82, 184
Pielke, R.A. 108
Plane Stupid 153
pluralism 154
policy 78; definition 1; demands
    147, 148; environment 146;
    evaluation 171; at governmental
    level **146**; inputs 147, 148;
    instruments 162, 163; making
    1, 2; making process 145;
    networks *156*; outcomes 170,
    171; outputs 162, 163; process
    174; resources 148; risk and
    precaution 106, **106**; sectors 154;
    supports 148
political system 157, 158
politics 78; disciplines 3;
    eco-feminism 65; left/right divide
    65; oil 228; short-termism 174
polluter pays principle 210, 211
pollution 7, 19, 32, 55, 72, 102, 116,
    172; charging 211; control 117,
    164, **165**, 166; prevention 115;
    regulation 91, 163; tax 166
Ponting, C. 49
Popper, K. 101
population control 168–70
population growth 7, 29–32, 31, 56,
    70, 72, 75, 207; causes 30; global
    52; reduction 170
Porritt, J. 130
positivism: and falsification 101,
    102
post-materialist values 64
post-modern production 51
post-modernism 102, 103

post-modernity 67
poverty 15, 36, 37, 47, 66, 71, 77,
    172, 182, 189; Africa 53;
    campaigns against 150; global 75,
    76; reduction 186; relief 190
power 156, 157
power stations: privatisation 171
precautionary principle 104–6, 188
'predicament of mankind' 69
preservation 62
preventative environmental
    management 117–22, 123, 131
price-elasticity 184–185, 203
prices 180, 183
primary resources 8, 18
Princen, T. 93
privatisation 56
producer responsibility 115, 213
product charges 212, 213
production 67
production methods 50
propaganda 167, 168
property rights 76
pseudo-satisfiers 52, 110, 157
public health 30, 98
public health engineering 36
public transport 97, 116, 122, 166

quality of life 7, 8, 84, 85; and
    environmental capital 35, 36; and
    social capital 36
quality management 125; systems
    135

rainforests 38
Ramsar Convention 113
rational-comprehensive decision
    making 160, 161
rebound effect 122
recycling 15, 18, 111, 115, 116;
    aluminium 119; domestic refuse
    167; plans 163
reductionism 100, 101
Rees, W.: and Wackernagel, M. 89

regulation 163, 164, 168; air
    pollution 26; EU Integrated
    Pollution Prevention Control
    Directive 164; Framework
    Convention on Climate Change
    108, 191; population control 168,
    sulphur emissions 116, 176, 177
relativism 103
renewable energy 194
renewable resources 10, 11, 89
representation 148–51
reserve/production ratios 13, *14*
resources 7, 13; access to 76; cycle
    8; definition 7; depletion 3,
    12–18, 72, 184; management 12;
    scarcity 14, 15; substitution 15;
    taxes 214
revealed preference valuation
    methods 216, 217
risk society 102
rivers 6, 8, 19
road expansion 83
Roberts, N. 47
Rose, S. 45
Rosenblum, J. 143
Royal Society 108
Russia 82, 194

Samoa 28
satisfiers 47, 48, 50, 51, 52
Scandinavia 176, 197
Scanlon, L.J.: and Kull, C.A. 80
scarcity 70, 199, 228
Schumacher, E.F. 110, 115
science 4, 62, 95–123; of economics
    4
scientific discourse 103
scientific information 95, 97, 105,
    122
scientific knowledge 122
Scottish Environmental Protection
    Agency (SEPA) 92
sea defences 53
sea level 24; rise 26–9, 102

sea walls 27
Second World War 63
secondary resources 8, 18
sectional groups 149, 150
securitisation 199, 200, 228
selfish gene 44
Senegal 179, 180
Severn barrage 111–14, **111**, 205
sewerage systems 107
shallow ecology 65
Sheldon, C.: and Yoxon, M. 138
Shell 133
Sigma Project 140, 141
Simon, H. 160
sinks 6, 118, 119
slavery 125
small and medium-size enterprises
　(SMEs) 133
smoke pollution 44
Social Accountability Standard
　(SA8000) 140
social capital 85; definition 36
social exclusion 172
social responsibility 2, 133
social sustainability 141
Socially Responsible Investment
　(SRI) funds 134
socio-biology 44; critics 45
soft technologists 62
soil erosion 49, 83
Sokal, A. 103
solar energy 10
solid waste 19
South America 38, 184
Southwood, R. 98
sovereignty 178
species diversity 33
species habitats 34
stakeholders 104, 110, 206
standards 91, 92; ISO 14000 series
　92, 137, 139; ISO 14001 91, 137,
　138; quality management 125,
　135–6; sustainability
　management 92, 140, 230

stated preference methods 217, 218
Statement of Principles on the
　Management and Conservation of
　the World's Forests 190, 197
Stern Review 208, 209, **209**, 210
stratospheric ozone depletion 36, 97,
　128, **129**
strong sustainability 86, 140, 222
Structural Adjustment Programmes
　(SAPs) 184
subsistence agriculture 83
Sudan 199
sufficiency 93
sulphur emissions 176, 177
supply and demand 202, 203, 225
sustainability 85; management
　139–41, 143; strong 86, **87**; weak
　86, **87**
sustainable consumption 94, 167,
　229; emergence 132; policies 93;
　trends 189
sustainable development 2, 4, 69, 84,
　189; corporate power 144;
　definition 76, 77; environmental
　protection 228; European Union
　(EU) 93; global inequalities 181;
　management 92, 94;
　measurement 219–22; policy 172,
　174; principles 231
sustainable economic development
　131
Sweden 128, 141, 221

targets; acid emissions 171;
　environmental policies 162, 174,
　232; environmental space 89, 91,
　229; greenhouse gas emissions
　107, 232, 121, 209; Johannesburg
　Summit 198; waste disposal 2
tariffs 186, 188
taxes 176, 211
technocentrism 62, 63, 65, 78
technology 4, 62, 67, 75, 77,
　95–123, 230; definition 109;

development 43; and sustainable development 109, 110

three faces of power 157

tidal barrage **113**, 114, *see also* Severn barrage

total fertility rate (TFR) 30, 31

tourism 79, 80, 114; Africa 54; impacts 79

tradable environmental capital 88

trade 178, 186–9; globalisation 181, 200, 201, 223; liberalisation 178, 187; 'polluter pays' principle 210

trade agreements 179

trade unions 125, 149, 151

'tragedy of the commons' model 4, 52–8, 57, 58, 175

Transition Management 158, 159, 160

Transition Movement 225, 229

transnational companies (TNCs) 182

triple bottom line (TBL) 131, 133, 134

tropical rainforests 196

Turner, R.K.: and Pearce, D.W. 201

Turner and Newall 125–7

Ukraine 194

United Arab Emirates 90

United Kingdom (UK) 137, 141, 154, 176; Aggregates Levy 214; Landfill Tax 214

United Nations (UN) 189; Conference on Environment and Development (UNCED) 189; Development Programme (UNDP) 191; Economic Commission for Europe (UNECE) 176, 177; Environment Programme (UNEP) 140, 179, 189, 222

United States of America (USA) 30, 90, 128, 141, 154, 176, 195, 197; air pollution 156, 157; Clean Air Act 164; manufacturing 182; trade deficit 183

Universal Declaration of Human Rights 56, 175

urban environments: quality and sustainability 221

urbanisation 32, 35

US Steel 157

vaccines 30, 103, 107

values 58, 60, 61, 67; green 63–5; and policy making 65, 66

valuing the environment 84, 105, 110, 186, 207, 215–19

Vesuvius 40

Vietnam War 63

volcanoes 36, 40

voluntary action 166, 167, 168

Wackernagel, M.: and Rees, W. 89

Wade, R.H. 181

waste 7, 18, 19, 172; assimilation systems 22, 24–6; definition 18; disposal 18, 22; management 38; management hierarchy 118, 119, **119**, 120; materials 8; minimisation 115; pollution 18–21; production 66; sinks 73; systems 32

wasteland 19, 61

water 11, 12; Africa 54; metering 121; quality 37

weak sustainability 221, 86, 87

wealth creation 182, 186, 187, 189, 222

wealth redistribution 75, 76

Welford, R. 139

whaling 62

Wheeler, S.J.: Bentley, R.W. and Mannan, S.A. 17

Wigley, T.M.L. 108

wildlife management 80

wildlife reserves 79

Willamette River system 25, *25*

wind turbines 8

Winter, M. 98

Witbooi, E. 180
women: oppression 65
work 50, 51
workers' rights 140
Working Group on Climate Change
　and Development (WGCCD) 55
World Bank 32, 185, 191
World Commission on Environment
　and Development 76, 77
world population 29, **29**; increase 182

World Summit on Sustainable
　Development 198
World Trade Organisation (WTO)
　180, 187
world trading rules 199

Yorkshire Bank 141
Yorkshire Water 141
Yoxon, M.: and Sheldon, C. 138
Yucca Mountain scheme 206

译 后 记

本书为"十三五"国家重点图书规划项目,华东理工大学社会与公共管理学院"环境公共治理与公共政策丛书"中的译著之一。丛书包括环境治理、环境社会科学、安全与环境、环境政治、环境政策等主题。

21世纪,可持续发展已经成为全球困境。可持续发展从以经济、社会目标为中心向以环境为中心转变。研究和实践证明,环境问题多是环境和人为因素交互作用产生的后果。本书运用政治学、经济学及社会学概念,解释如何有效制定、实施和评估环境政策,指导人类对环境资本和环境服务做出有效的决策。通过改变人类行为,让人们的行为不再制造环境问题或减轻环境问题的严重性。本书坚持以人为中心,对环境问题和环境政策进行分析。书中所述的预防原则和无悔策略可以为实施预防措施提供依据。选取适当的评估技术可以更好地解决环境问题。生命周期分析、环境管理系统和可持续性管理系统有助于实现资源密集程度较低且浪费较少的经济发展目标。政府监管是环境可持续发展的有力支撑。绿色税收和其他经济手段会比较有效,但需要重视说服技巧。此外,环境政策需要关注政策制定机制与政策结果的有效性。可运用广博理性决策模型或渐进式决策模型,或是两者结合进行决策。环境决策解释了政治议程的结构,以及利益集团代表和调解的重要性,其强调从管理向治理的转变,从国家和国际两个层面提供发展共同愿望的手段,并将实施的方式转交给企业、社区和个人。本书的理论方法和案例研究范例表明,环境政策工具箱可以在一定程度上应对全球环境变化的挑战。

从选择书籍到成稿,经过了一年半的时间。非常感谢华东理工大学出版社的刘军老师在版权获得上给予的帮助。感谢赵晓喆的翻译和校稿工作。感谢杜牧鸽、吴慧媛、王巧林、张潞艺的翻译工作。感谢秦杰的校稿工作。感谢华东理工大学出版社牟小林的帮助。感谢华东理工大学社会与公共管理学院的各位同事的帮助。

本书对环境相关领域的教学和研究有一定的参考作用，还可以作为环境政策领域的教材或研究的参考书目。由于水平有限，书中想必存在一些翻译问题甚至谬误，恳请读者朋友批评、指正，谢谢！

谨以此书献给我的家人。

内 容 提 要

　　本书首先回顾了人类对环境的需求及其造成环境问题的原因,从而提出了可持续发展的概念,并检验在政策制定者追求这些目标的过程中科学技术起到的促进和阻碍作用。本书分析了环境政策的变化,并介绍了环境政策是如何改变个人、组织和政府行为的。本书还提出了在全球和国家层面实施的环境政策及其遇到的阻碍,以及在何种程度上能够通过环境经济原理和生态经济原理克服障碍;最后提出环境政策"工具箱"。本书以理论学习加案例研究的方法,以广阔的跨学科视角分析了社会—环境问题。